les Antilles

SOMMAIRE

LES PAYSAGES	8
LE PASSÉ	20
LE PRÉSENT	40
LES GRANDES ÉTAPES	52
LA VIE QUOTIDIENNE	88
LES TRADITIONS	107
LES VACANCES	120
LA MUSIQUE	142
L'ART	148
LA LITTÉRATURE	151

Les auteurs ayant collaboré à ce livre sont : **Jean Descola** : Passé, Grandes Étapes - **Guy Carage** : Présent (Antilles françaises) - **André Gayot** : Présent (Antilles anglaises) et Traditions - **Jean Raspail** : Vie quotidienne et Vacances - **André Gauthier** : Musique - **Jacques Dhaussy** et **Jean-Paul Vidal** : Art et Littérature. Mais les textes concernant Cuba dans les chapitres Présent, Vie quotidienne, Traditions, Vacances, Art et Littérature sont de **Philippe Nourry**.

COLLECTION DIRIGÉE PAR DANIEL MOREAU

Photographies de la couverture (de haut en bas) : ramassage des filets à Soufrière, Sainte-Lucie; carnaval à la Trinité; marché à Fort-de-France, Martinique; paillote et palmiers à Sainte-Lucie. Pages de garde : 1. Régate à Fort-de-France; 2. Plage de Saint-Pierre de la Martinique. Page de titre (à droite) : jeune Haïtien.
Les drapeaux figurant sur le dos de la couverture sont les suivants (de haut en bas et de gauche à droite) : Antilles néerlandaises, Cuba, rép. Dominicaine, Haïti, Jamaïque, Porto Rico, Trinité-et-Tobago, États-Unis, Grande-Bretagne et France.

Le présent volume appartient à la dernière édition (revue et corrigée) de cet ouvrage. La date du copyright mentionnée ci-dessous ne concerne que le dépôt à Washington de la première édition.
© Librairie Larousse, 1974.

Librairie Larousse (Canada) limitée, propriétaire pour le Canada des droits d'auteur et des marques de commerce Larousse. — Distributeur exclusif au Canada : les Éditions Françaises Inc., licencié quant aux droits d'auteur et usager inscrit des marques pour le Canada.

© by S.P.A.D.E.M. et A.D.A.G.P., 1982.

MONDE ET VOYAGES

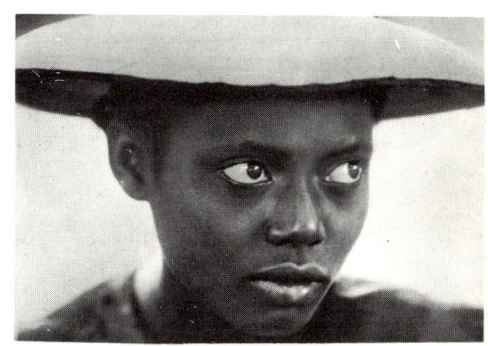

les Antilles

LIBRAIRIE LAROUSSE • PARIS VIe

LE RELIEF

La variété des paysages tient d'abord aux structures dissemblables qui se traduisent par différentes formes de relief. Les Antilles appartiennent à plusieurs arcs concentriques nettement distincts. A l'ouest, trois branches convergent vers Porto Rico : au nord, le rameau cubain septentrional, prolongement de la presqu'île du Yucatan; au centre, le rameau cubain méridional, qui correspond aux îles Cayman et à la chaîne côtière du sud de Cuba, se soude à l'arc septentrional pour former la chaîne centrale de l'île d'Haïti; au sud, le rameau qui **porte la Jamaïque forme la chaîne côtière du sud d'Haïti et vient** rejoindre les précédents. Entre ces guirlandes, qui sont les témoins de chaînes sous-marines, se creusent des fosses de plus de 6 000 mètres. Au nord de Porto Rico, une fosse atteint plus de 8 000 mètres de profondeur. A l'est de Porto Rico les chaînes sous-marines émergent en formant un chapelet de petites îles alignées en deux arcs concentriques. Au sud de la mer des Antilles, enfin, on distingue deux alignements orientés de l'est à l'ouest.

Les études géophysiques ont montré l'existence d'une anomalie gravimétrique à l'est des Antilles, ce qui traduit un déséquilibre entre des régions ayant une tendance au soulèvement et d'autres qui sont affectés par une tendance à l'effondrement. Cordillère en gestation, les Antilles sont fréquemment ébranlées par des tremblements de terre et des éruptions volcaniques. Aux îles plates et calcaires, comme la Grande-Terre, Marie-Galante ou la Barbade, s'opposent les îles volcaniques récentes, qui, de Saba à la Grenade, par la Guadeloupe, la Dominique, la Martinique, Sainte-Lucie et Saint-Vincent, offrent un relief tourmenté d'où émergent soufrières et aiguilles. Ailleurs, ce sont des « mornes » volcaniques dont l'érosion a émoussé les formes, comme à Saint-Martin ou à Saint-Barthélemy, et que séparent des plateaux de calcaires tertiaires. Mais c'est aux Grandes Antilles que cette imbrication de plaines et de massifs montagneux, de volcanisme ancien et de sédimentation marine est la plus remarquable. La Sierra Maestra de Cuba, les montagnes Bleues de la Jamaïque, les hauts massifs d'Hispaniola (Haïti et république Dominicaine) et de Porto Rico sont de véritables montagnes, dont certaines dépassent 3 000 mètres.

LE CLIMAT

LES îles sont réparties entre le tropique du Cancer et 10° de latitude Nord, ce qui explique leur climat tropical. Au niveau de la mer, la température moyenne annuelle se situe à peu près partout aux environs de 26 °C et l'écart entre le mois le plus frais et le mois le plus chaud est inférieur à 5 °C. Et cependant il existe aux Antilles de saisissants contrastes climatiques. La position des îles en latitude est un premier facteur de diversité. La sécheresse de saison fraîche est beaucoup plus nette dans les Grandes Antilles septentrionales que dans les Petites Antilles; quant aux îles Sous-le-Vent, qui bordent le Venezuela, elles ont souvent l'aspect de zones arides. Mais plus encore que la situation, l'exposition et l'altitude multiplient les nuances. L'opposition des côtes « au vent » (nord-est et est) et des côtes « sous le vent » (ouest et sud-ouest) est très nette. Battues par l'alizé humide, les côtes au vent sont copieusement arrosées : de 2 mètres d'eau par an sur les plaines littorales, le total des pluies s'élève jusqu'à 8 mètres sur les hautes pentes volcaniques de la Guadeloupe, de la Dominique ou de la Martinique. Sous le vent, les pluies diminuent vite et tombent à moins de 1,50 m au bord de la mer. La puissance des reliefs joue aussi un rôle déterminant dans la répartition des pluies. Que l'altitude ne soit pas assez forte pour obliger les systèmes nuageux à se condenser et la sécheresse sévit, comme dans les îles calcaires plates de la zone externe ou dans les petites îles volcaniques basses. A quelques dizaines de kilomètres à vol d'oiseau de secteurs ruisselants d'eau, les Antilles offrent des paysages brûlants.

La saison sèche — qui s'appelle *carême* dans les îles de langue créole — correspond aux mois de janvier à mai. De juillet à novembre, c'est l'« hivernage », c'est-à-dire la saison des pluies et parfois des cyclones, dont les vents particulièrement violents ont de redoutables effets sur les habitations et les cultures.

LES ILES

ELLES sont réparties en deux groupes : au nord, les Grandes Antilles, constituées par les vastes îles de Cuba, Haïti, la Jamaïque et Porto Rico; à l'est se trouvent les Petites Antilles, dont on distingue un rameau oriental, les îles du Vent (Guadeloupe, Martinique, Désirade, Marie-Galante, Barbade, Trinité), et un rameau méridional, les îles Sous-le-Vent (Bonaire, Curaçao, Aruba).

L'arc antillais jette un pont discontinu entre les deux Amériques. Cette guirlande insulaire s'amenuise sur ses bordures orientale et méridionale : aux Grandes Antilles, allongées d'ouest en est et que frangent les sept cents îlots des Bahamas, succède le chapelet méridien des Petites Antilles, elles-mêmes relayées, au-delà de la Trinité, par les îles Sous-le-Vent, qui s'étirent jusqu'au lac de Maracaibo. Du cap San Antonio, pointe occidentale de Cuba, à la petite île d'Aruba, où s'achève la branche méridionale de l'arc, la parabole antillaise se développe sur 4 700 kilomètres. Échelonnées du 10e au 23e degré de latitude Nord (1 500 km) et du 60e au 85e degré de longitude Ouest (2 000 km), ces îles ne couvrent au total que 225 000 km².

Les Antilles se distinguent avant tout par leur diversité, dont l'inégalité des surfaces constitue le premier facteur. Les quatre Grandes Antilles couvrent 210 000 km²; la plus vaste, Cuba, mesure 115 000 km², et la moins étendue, Porto Rico, a seulement 8 900 km².

Même en incluant les Bahamas (11 400 km²) dans les Petites Antilles, celles-ci atteignent à peine 25 000 km². Rares sont les îles des Petites Antilles qui ont 1 000 km². La Guadeloupe les dépasse avec 1 509 km², la Martinique avec 1 090 km², mais Montserrat ne s'étend que sur 83 km² et Saba sur 13 km². Quant aux Grenadines, elles s'éparpillent en 600 îlots pour moins de 45 km² de terre.

LA VÉGÉTATION

ON imagine sans peine la grande diversité des paysages végétaux : en quelques heures, on passe de la forêt dense pseudo-équatoriale à la brousse épineuse et à la steppe à cactées. Quel contraste, à la Martinique, entre les grands bois à lianes, à épiphytes et à fougères arborescentes des pitons du Carbet et la savane des pétrifications, nue comme une hamada; entre les puissantes associations forestières de la Dominique ou de la Guadeloupe et les maigres halliers de Saint-Barthélemy, des Saintes ou de la Désirade! En Haïti, au pied des flancs humides et boisés du massif de la Selle, il y a autour de l'étang Saumâtre un paysage de désert mexicain à « cierges » et à « raquettes ». En quelques secteurs bien définis — comme sur la Cordillère centrale dominicaine ou sur le revers méridional de la Sierra Maestra de Cuba —, de grandes forêts de pins échappent déjà au monde tropical.

Que d'oppositions, également, entre les paysages agricoles! Grandes étendues bruissantes de cannes, qui, sur les pentes douces des argiles rouges des côtes au vent, sur les terres brunes des plaines alluviales et des plateaux calcaires, assurent aux usines la précieuse matière première; bananeraies ordonnées, cultivées en monoculture ou en association avec le caféier, ceinturées de rigides haies d'arbustes brise-vent, et qui apportent une note bocagère dans l'exubérance végétale antillaise; sisaleraies des Grandes Antilles; cacaoyères des zones basses et humides d'Hispaniola et de la Trinité. Au même titre que ces paysages de « plantations », le fouillis végétal est caractéristique de la vie agricole antillaise. Dans les pays vivriers s'enchevêtrent caféiers, cacaoyers, bananiers, manguiers, orangers, arbres à pain, au-dessus des larges feuilles des taros (racines alimentaires); maïs, manioc, patates, ignames pimpantes, pois d'Angole s'associent sur une même parcelle. En dépit des règlements forestiers, les « jardins » clandestins se faufilent sur les marges ou à l'intérieur des forêts domaniales, et les cultivateurs y récoltent leurs vivres en travaillant à la houe et au sabre d'abattis, après mise à feu de la forêt abattue. Il faut enfin ne pas manquer d'évoquer les savanes d'élevage et les carrés de coton des régions sèches, qui se dispersent dans de vastes étendues de halliers.

LE PEUPLEMENT

LES Antilles comptent parmi les régions du globe où le dynamisme de la population est le plus grand. Le taux des naissances — souvent illégitimes — l'emporte de loin sur celui des décès. Les chiffres extrêmes sont atteints à Porto Rico, où le taux d'accroissement se situe entre 26 et 29 p. 1 000, et à la Trinité (32 p. 1 000). Les Antilles françaises ont un taux à peine inférieur, et celui d'Haïti est aux alentours de 18 p. 1 000. Si les taux d'accroissement actuels se maintiennent, on peut escompter que la population des Antilles aura doublé d'ici quarante à cinquante ans.
Cet excès des naissances aboutit au surpeuplement : les densités de population atteignent 480 à 500 habitants au kilomètre carré à la Barbade, 270 à la Martinique, presque autant à Porto Rico, 170 à la Guadeloupe, 120 à la Jamaïque et à la Trinité, 115 à Haïti. Cette poussée démographique se traduit par une ruée vers les villes, qui sont surpeuplées et autour desquelles s'étendent des zones de taudis et de bidonvilles.
Les statistiques relatives au niveau de vie permettent d'établir que le revenu par tête d'habitant est extrêmement bas. Le revenu par habitant aux Antilles « dépendantes » se situe entre le sixième et le quart de celui des métropoles. A Porto Rico, le coefficient moyen des revenus réels est un des plus élevés; il n'en reste pas moins inférieur de moitié à celui de l'État le plus pauvre des États-Unis. A la Trinité, le revenu moyen ne dépasse pas aujourd'hui le tiers de celui de la Grande-Bretagne.
Le chômage sévit à l'état endémique. Au chômage ordinaire s'ajoute un grave chômage saisonnier, la culture de la canne à sucre ne procurant guère plus de 175 à 200 jours de travail par an.
L'alimentation est insuffisante et mal dosée, l'état sanitaire défectueux; trop de maladies font encore des ravages (tuberculose, maladies vénériennes, malaria, etc.), et l'équipement médical, bien que sans cesse amélioré, reste faible. Le logement constitue encore un des indices les plus tangibles de la misère antillaise. Quant au pourcentage des illettrés, il reste très important puisqu'il se situe entre 30 et 40 p. 100 dans les Antilles « indépendantes » et atteint 85 p. 100 à Haïti.

POPULATION DES PRINCIPALES ILES

Iles (ou groupes d'îles)		Villes principales	
Bahamas	195 000 hab.	Nassau	102 000 hab.
Cuba	9 730 000 —	La Havane	1 861 000 —
Jamaïque	2 060 000 —	Kingston	476 000 —
Haïti	5 000 000 —	Port-au-Prince	386 000 —
Rép. Dominicaine	4 978 000 —	Santo Domingo	671 000 —
Porto Rico (U.S.)	3 050 000 —	San Juan	542 200 —
Iles Vierges (U.S.)	62 000 —	Charlotte-Amalie	15 000 —
Leeward Islands (G.-B.) [et îles Vierges britanniques]	200 000 —	Saint Johns	22 000 —
Guadeloupe (Fr.) [et dépendances]	324 000 —	Pointe-à-Pitre	50 000 —
Martinique (Fr.)	324 832 —	Fort-de-France	100 576 —
Windward Islands (G.-B.)	380 000 —	Castries	25 000 —
La Barbade	253 000 —	Bridgetown	19 000 —
La Trinité et Tobago	1 016 000 —	Port of Spain	117 000 —
Curaçao et Bonaire (N.L.)	155 000 —	Willemstad	45 000 —
Aruba (N.L.)	61 000 —	Oranjestad	16 000 —

Les paysages

La Martinique : anse d'Arlet.

« *Les maisons de par ici
au bas des montagnes
ne sont pas aussi bien rangées
que des godillots
les arbres sont des explosions
dont la dernière étincelle
vient écumer sur mes mains...* »

Aimé Césaire.

Vue de Saint-John-sur-Tortola.

« *Vertes îles. Archipel de feuillage sur la mer qui nous berce de ses ondes...* »

Luis Llorens Torres.

Sous-bois à Saint-Vincent.

« *Les chevaux ruaient un peu de rêve sur leurs sabots...* »

Aimé Césaire.

Haïti : environs de Port-au-Prince.

« *Cette aisance du corps... cette grâce impérieuse...* »

Ph. Thoby et P. Marcelin.

L'alizé souffle à Curaçao.

« *Le vent nous conte ses flibustes,
le vent nous conte ses méprises...* »

Saint-John Perse.

Guadeloupe : montagnes de Basse-Terre.

« *Au bruit des grandes eaux en marche sur la terre,
tout le sel de la terre tressaille dans les songes...* »

Saint-John Perse.

Lessive à Haïti.

« *Le génie de la race, c'est un fond de bonté qui nous caractérise...* »

Lorimer Denis.

Martinique : récolte de la canne.

« *Les cannes à sucre
nous balafraient le visage
de ruisseaux de lames vertes...* »

Aimé Césaire.

Sainte-Lucie : les pitons de la Soufrière.

« *J'ai rêvé, l'autre soir,
d'îles plus vertes que le songe...* »

Saint-John Perse.

Pêcheurs à la Guadeloupe.

« De l'autre côté est le monde, de ce côté-ci presque rien...
Une eau pure, si claire qu'il en coûte de la regarder. »

Manuel del Cabral.

Plage à Antigua.

« Beauté d'attente
Beauté des vagues... »

Édouard Glissant.

Ville de Trinidad, à Cuba.
« Nous entendons mettre la justice à la hauteur superbe des palmiers... »
José Marti.

Bord de mer à Cuba.

« Il s'est promené à la tête de ses cavaliers
— de fort braves gens — à travers la région. »

José Martí.

Port de Bellefontaine,
Martinique.

*« Martinique Jamaïque
tous les mirages... »*

Aimé Césaire.

Vallée de Picadura,
Cuba.

*« J'ai que j'ai maintenant
où travailler
et où gagner
ce qu'il me faut,
oui, pour manger. »*

Nicolás Guillén.

Le passé

Qui habitait les Antilles, avant leur découverte? D'abord, les Caraïbes, peuplade belliqueuse et féroce. Selon la tradition, les Caraïbes avaient débarqué aux Petites Antilles, venant des jungles humides de l'Amérique du Sud, à la fin du XIVe siècle. Ils avaient dévasté le nord du Brésil et les côtes de la Guyane et du Venezuela. Guerriers indomptables, ils mangeaient leurs ennemis capturés au cours des combats, moins par goût de la chair humaine que pour accomplir un rite sacramentel. Ils avaient expulsé les Arawaks des Petites Antilles et s'apprêtaient à envahir les Grandes Antilles au moment où les Européens y arrivèrent.

Bas-relief caraïbe à la Guadeloupe.

Les ennemis irréductibles des Caraïbes étaient donc les Arawaks. Fréquents étaient les « commandos » caraïbes qui fondaient sur les agglomérations arawaks, massacrant et dévorant les hommes et faisant des femmes leurs épouses. Voilà qui explique ce phénomène surprenant pour Colomb et ses successeurs : les hommes et les femmes ne parlaient pas la même langue. Les femmes s'exprimaient dans leur idiome, l'arawak, et les hommes parlaient caraïbe. Cependant, les Arawaks jouissaient d'une civilisation élevée. C'est eux qui propagèrent les principes du néolithique américain et, dans plusieurs régions, fournirent les bases des hautes civilisations du Nouveau Monde. La réaction sauvage des Caraïbes à leur égard était celle de tribus primitives et brutales, non « arawakisées », contre un peuple supérieur et évolué.

Les dieux étaient nombreux

Tandis que les Caraïbes, à l'heure de la découverte, occupaient principalement la Dominique, Saint-Vincent, Sainte-Lucie et Tobago, les Arawaks, eux, étaient surtout installés à Cuba. Imaginons l'aspect physique et le mode de vie de ces Arawaks. Petits et trapus, la peau cuivrée, ils s'aplatissaient le front à l'aide de bandelettes, dès le plus jeune âge. Ils habitaient dans des villages, commandés par un *cacique*, qui occupait une grande case ronde, entourée de trente-deux petites cases, rondes — *caneyes* — ou carrées — *buhios* —, construites en roseaux. Le commerce consistait en troc des produits de la chasse, de la pêche, de la terre et de l'industrie. Les Arawaks fabriquaient des bateaux de dimensions variées, selon qu'ils étaient destinés à la navigation fluviale ou maritime. Ils n'aimaient pas la guerre, mais l'admettaient comme une nécessité. Il leur fallait surtout se défendre contre les Caraïbes, leurs cruels voisins. Leurs armes étaient rudimentaires : le sabre de bois — *macana* —, le javelot, également en bois, et la hache de pierre. Deux clans arawaks s'étaient distingués contre les Caraïbes : les Siboney et les Hatuey.

La religion tenait une grande place dans la mentalité de l'Arawak. Il

croyait que l'homme possédait une âme individuelle qui, après la mort, s'échappait du corps et se rendait dans une île, appelée Coaibai, où elle retrouvait les autres âmes. Elle ne perdait pas, pour autant, contact avec les hommes. Elle attendait la nuit pour aller, invisible, participer aux festins ou errer sur les chemins. Comme dans la plupart des religions précolombiennes, les dieux étaient nombreux et personnifiaient les grands mythes de la Nature : le ciel, le vent et l'eau. Quant au culte des morts, il était l'objet de la plus grande vénération. On les enterrait assis dans des fosses profondes, entourés de leurs objets familiers et souvent des restes de leurs épouses.
Telles étaient les caractéristiques du peuple arawak, organisé, artisan, cultivateur, religieux, dont le souci prédominant aura été de se défendre contre les Caraïbes, ceux-là barbares et frustes.

La découverte

Un seul « découvreur » des Antilles : Christophe Colomb.
1492... En étudiant la carte de Toscanelli,

Christophe Colomb.

La flottille de Colomb dessinée par lui-même. Bibliothèque Colombine, Séville.

Réembarquement sur le navire avec l'aide d'une barque barbare. Th. de Bry.

le globe terrestre de Martin Behaim, l'*Imago mundi* du cardinal d'Ailly et les portulans de l'époque, Christophe Colomb a vu confirmer non seulement sa thèse de la sphéricité de la terre, mais aussi celle d'une nouvelle route des Indes par l'ouest, plus courte que par l'est. Au lieu de se rendre en Asie par l'interminable route terrestre de Marco Polo ou de contourner par mer le cap des Tempêtes, comme rêve de le faire Vasco de Gama, Colomb propose une route maritime qui, partant de la côte portugaise ou andalouse, suivant le vingt-huitième parallèle et mettant le cap sur l'ouest, atteindra en sept cents lieues l'empire du Grand Khan, réservoir inépuisable d'or et d'épices. Colomb obtient des Rois Catholiques les « capitulations » qui l'autorisent à monter une expédition maritime de trois caravelles : la *Santa Maria*, la *Pinta* et la *Nina*. Le 3 août, la flottille lève l'ancre du port de Palos. Le premier voyage commence. Il y en aura quatre.

Le 12 octobre, à l'aube, le matelot de vigie s'écrie : « Terre! » Colomb descend et prend solennellement possession, au nom de l'Espagne, de cette terre nouvelle qu'il croit être le rivage de l'Asie, mais n'est qu'une île. Les indigènes l'appellent Guanahani. Colomb la baptise San Salvador. Ce sera plus tard l'île Watling, appartenant à l'archipel des Bahamas, dans les Antilles britanniques. Le 15 octobre, Colomb, poursuivant sa circumnavigation, découvre d'autres îles bahamiennes. Il leur donne des noms espagnols : Santa Maria de la Concepción et Isabela. Le 28 octobre, une autre île apparaît. Les indigènes l'appellent Babeque ou Bohio. C'est Cuba, que Colomb nomme Juana, du nom de l'infant d'Espagne. Puis, le 6 décembre, Haïti, qui devient Hispaniola : la Petite Espagne. Les îles s'égrènent : la Tortuga, le Puerto de la Paz et le Valparaiso. Et c'est le retour en Espagne et l'accueil triomphal à Barcelone. Accueil triomphal, en effet, mais qui émeut le Portugal, jusqu'alors bénéficiaire privilégié des découvertes outre-mer. De là à revendiquer celles de Colomb... La sagesse du pape espagnol Alexandre VI évitera un conflit entre les deux pays. Il signera une bulle accordant à l'Espagne les terres situées à cent lieues à l'ouest de la dernière des Açores et au Portugal celles qui ont été découvertes à l'est de cette frontière idéale. Un accord hispano-portugais reportera ultérieurement la ligne de démarcation de cent à trois cent soixante-dix lieues du cap Vert,

donc dans les limites de la concession portugaise. Ce sera le Brésil.
Au cours de son deuxième voyage, Colomb découvrira, entre le 12 et 25 novembre 1493, les Petites Antilles : Dominique, Marie-Galante, la Guadeloupe, les îles Vierges, les Saintes, Montserrat, Santa Maria la Redonda, la Antigua et la Désirade, ainsi que Porto Rico et la Jamaïque. Il retournera à Haïti. Son deuxième séjour aux Antilles durera trois ans et demi.

Des arbres chargés de fleurs

Le troisième voyage de Colomb l'amènera à l'île de la Trinité (Trinidad), à Margarita et, une fois de plus, à Haïti. Ce n'est qu'à son quatrième et dernier voyage qu'il découvrira la Martinique. Bref, entre 1492 et 1502, Christophe Colomb et ses compagnons auront reconnu les Grandes et les Petites Antilles — outre le golfe du Mexique, le Yucatan, les côtes du Honduras et du Nicaragua, l'isthme de Panama et le golfe de Darien, ainsi que la côte vénézuélienne et les bouches de l'Orénoque. Extraordinaire « performance », entachée cependant d'une formidable erreur géographique. Au cours de ses pérégrinations, Colomb, se croyant toujours dans les Indes occidentales, cherchera désespérément l'empire du Grand Khan. Il y croira jusqu'à son dernier souffle.

Dans son *Journal de bord*, que d'aucuns prétendent avoir été écrit postérieurement à ses voyages, Colomb décrit les Antilles et ses habitants sous des couleurs riantes et poétiques. Dans la mer des Caraïbes, « l'air est assez doux et comme en avril à Séville, et c'est un plaisir de le respirer tant il est parfumé ». « Guanahani est une île fournie d'arbres verdoyants, si verte que c'est un plaisir de la regarder. » Il observe d'« épais couverts composés de très beaux arbres de frondaison abondante et de nombreuses sources d'eau ». Les indigènes sont « bien faits, très beaux de corps et de physionomie agréable ». De même est-il émerveillé devant les poissons « faits comme des coqs, bleus, jaunes, rouges, bariolés de mille façons ». Aucun animal, sauf des perroquets et des lézards.

Mais le poète s'efface souvent devant l'homme d'affaires et le chargé de mission des Rois Catholiques. « J'attends que le roi ou les indigènes de l'île m'apportent de l'or », note-t-il dans son journal. « Je suis décidé à pousser jusqu'à la ville de Quinsay », ajoute-t-il, c'est-à-dire Hang-tcheou, en Chine, dont il se croit tout près. Et il présume que Cuba est Cipango — le Japon. De Cuba, il fait une description enthousiaste : « Je n'ai jamais vu de site aussi beau. Les arbres sont chargés de fleurs et de fruits de diverses espèces, parmi lesquels un grand nombre gazouillent très doucement. » Haïti excite également son admiration : « Une belle campagne cultivée, les terres ensemencées ayant l'aspect des champs de froment, en mai, dans la campagne de Cordoue. » Et il soupire : « Plaise à Dieu qu'Il me fasse découvrir quelque bon gisement d'or avant mon retour en Espagne. »

Telles sont les premières descriptions connues des Antilles, un peu enjolivées, certes, et présentées sous un jour favorable, puisqu'elles sont destinées aux Rois Catholiques. C'est donc plus un rapport qu'un reportage. C'est aussi une étude de mœurs.

Connaître les habitants

Au fur et à mesure de sa pénétration dans les îles, Colomb apprend à en connaître les habitants. Il les appelle tous, indifféremment, des Indiens, définition normale, puisqu'il se croit aux Indes. Il les approche avec habileté et douceur, cherchant à s'en faire comprendre à l'aide de gestes et de mimiques. L'impression favorable qu'il retire de ses premières relations avec ces indigènes durera assez longtemps. « Ces gens sont sans malice et peu belliqueux. Les hommes comme les femmes vont tout nus comme ils vinrent au monde. Il est vrai que les femmes portent un morceau de coton qui cache leur nature, mais rien d'autre. Ils sont très respectueux. » Et, déjà, Colomb voit en eux de futurs chrétiens. Cependant, l'accueil varie selon les îles visitées. Parfois, les habitants s'enfuient dès qu'ils voient les Espagnols. Ils en ont peur, moins que des terribles habitants d'une île mystérieuse, Caniba, qui capturent les insulaires et les mangent. Les cannibales? Ce sont, bien sûr, les sujets du Grand Khan, pense Colomb. En fait, ce sont les Caraïbes, connus pour leur férocité et leur anthropophagie.

Dans sa lettre à Luis de Santangel, secrétaire comptable du roi Ferdinand, datée du 15 février 1493, « sur la caravelle, sous le vent des îles Canaries », Christophe Colomb donne des détails précis sur son premier voyage. Les dimensions qu'il indique pour les îles découvertes sont forcément arbitraires. Cuba est « plus grande que l'Angleterre et l'Écosse mises ensemble », car en plus des 107 lieues qu'il a parcourues

Danse des guerriers caraïbes. Th. de Bry.

Christophe Colomb arrêté par F. de Bobadilla.

il existe, du côté du Ponant — l'Occident —, une province « où il naît des gens avec des queues ». Quant à Haïti, comprenant la future république Dominicaine, Colomb l'a longée d'ouest en est pendant 188 lieues et il lui attribue une circonférence plus grande que celle de l'Espagne « de Collioure à Fontarabie ». Il fait l'éloge des habitants, sauf de ceux de l'île Quaris — Dominique ou Marie-Galante —, et signale que la Martinique n'est peuplée que de femmes, plus occupées de chasse que de travaux ménagers.

Le 15 avril 1493, la ville de Barcelone verra défiler un étrange cortège. Des mousses portent sur des coussins ou brandissent à bout de bras des objets hétéroclites : bijoux grossiers, feuilles d'or ou plantes exotiques. En tête, six Indiens, pudiquement enveloppés d'une couverture. Six Cubains, qui se prosterneront devant le trône des Rois Catholiques : les premiers Antillais débarquant dans l'Ancien Monde.

Débuts de la colonisation

La première colonie européenne au Nouveau Monde sera fondée par Christophe Colomb à Haïti. Elle se tiendra au fort de la Navidad, construit avec les débris de la *Santa Maria*, malencontreusement échouée. Avant de s'en retourner en Espagne, Colomb laissera au fort une quarantaine d'hommes assurés de la protection d'un cacique, Guacanagari. L'artillerie de la *Santa Maria* les protège d'ennemis éventuels, mais lorsque Colomb, fidèle à sa promesse, viendra rechercher ses compagnons dix mois plus tard, il n'en trouvera plus un seul. Que s'est-il passé en son absence? Des histoires de femmes et d'or. Enfreignant les ordres de leur chef, Diego de Arana, les Espagnols ont pris de force des Indiennes et se sont appropriés le trésor de la colonie. De plus, ils ont fait main basse sur les maigres biens des habitants. De quel droit? Celui du vainqueur. Hispaniola, n'est-ce pas l'Espagne? Et traite-t-on les païens comme des chrétiens? C'est alors que les Indiens de la Navidad, fous de colère de se voir ainsi volés et bafoués, ont massacré la garnison espagnole, malgré les objurgations de Guacanagari.

L'organisation administrative des territoires espagnols d'outre-mer suivra de près leur découverte par Colomb et ses successeurs. Tout d'abord, sous le règne des Rois Catholiques, un gouvernement des Indes sera confié, dès 1499, à Francisco de Bobadilla, en remplacement de Colomb, jugé mauvais administrateur. Par la suite, les gouverneurs disposeront de tous les pouvoirs sur les fonctionnaires subalternes. Ils tenteront d'étendre à ce qui est maintenant reconnu comme l'« Amérique » le système municipal pratiqué en Espagne sous le nom d'*ayuntamientos*, qui deviendront des *cabildos*.

Sous Charles Quint, l'Amérique espagnole sera divisée en deux vice-royautés, celles du Mexique et du Pérou. Puis il y aura les capitaineries générales — dont celle de Saint-Domingue. Enfin, les *Audiences* constituent l'échelon intermédiaire entre l'administration métropolitaine et les gouvernements locaux. Peu à peu, elles doivent se substituer aux *cabildos*. Au début de la colonisation, les Petites Antilles sont volontairement négligées par l'administration espagnole pour une double raison de sécurité et de rentabilité. Les Caraïbes, farouches et belliqueux, apparaissent comme inassimilables. L'absence d'or et d'argent dans ces îles minimise leur valeur pour la Couronne. Trois tentatives — en 1515, avec Ponce de León en 1520 et en 1523 — échoueront à la Guadeloupe. Les colonisateurs se feront massacrer.

Un édit des Rois Catholiques avait ordonné aux gouverneurs de traiter les Indiens avec humanité et comme des sujets de la couronne d'Espagne. De même devaient-ils être instruits dans la foi catholique et devenir de bons chrétiens. En réalité, les colons considéraient les Indiens comme une main-d'œuvre exploitable à merci. Les terres sont partagées entre les immigrants espagnols sous forme de *repartimientos*, et les *encomiendas*, pourvoyeuses de travailleurs indigènes, deviennent très vite de véritables marchés d'esclaves. Mais les colons restent très attentifs à l'instruction religieuse de leurs *encomendados*. En 1512, deux évêchés sont créés à Haïti.

L'administration coloniale et les conditions de travail sont communes à tous les territoires, qui relèvent tous des mêmes grands organismes centraux : la *Casa de contratación* — qui veille à l'application des lois concernant le commerce avec l'Amérique —, le Conseil royal des Indes (ministère des Colonies) et le Consulat des Indes, contrôlant les armateurs. La législation coloniale traitant du droit des gens est, en principe, applicable à tous, du vice-roi au péon.

Les Bahamas

Cependant, l'histoire des îles antillaises ne s'est pas déroulée uniformément. Certaines vécurent « sans histoires », d'autres, au contraire, connurent des péripéties dramatiques ou brillantes. Pourquoi partir des Bahamas, alors que cet archipel n'appartient pas franchement à l'ensemble antillais? Parce qu'elles ont été les premières îles reconnues par Colomb, les pierres de gué initiales du grand *rhumb* vers les *terrae incognitae*.

« Nous arrivâmes à une petite île,

appelée en langue indienne Guanahani », écrira Christophe Colomb en racontant son débarquement du 12 octobre 1492. La tradition situe cette île, baptisée San Salvador par Colomb, dans l'archipel des Bahamas et l'identifie avec l'île Watling. Le nom de « Bahama » apparaît pour la première fois sur la carte mondiale publiée en 1564 par Abraham Ortelius. Certains historiens émettent d'ailleurs l'hypothèse d'un débarquement plus au sud, dans le groupe actuel des Turques (Turks) ou des Caïques (Caicos), hypothèse justifiée par le fait qu'elles se trouvent à l'extrémité est de l'archipel, donc les plus proches du continent européen. L'archipel des Bahamas comprenant 700 îles de corail et 2 400 îlots et rochers, l'hypothèse est difficile à vérifier. Ce qui reste incontestable, c'est le débarquement de Colomb dans l'une des îles Bahamas, première escale de son périple, qu'il devait poursuivre en descendant au sud, vers Cuba et Haïti.

Ces indigènes « très doux » et dont le naturel tranquille avait frappé Christophe Colomb ne tarderont pas à être déportés à Cuba ou à Haïti pour devenir des manœuvres et des mineurs. Aussi verra-t-on les îles Bahamas se dépeupler peu à peu et devenir une sorte de paradis désert. Mais, au XVIIe siècle, les solitudes enchantées des Bahamas sont violées par une nouvelle race d'aventuriers : les pirates et les corsaires. Le découpage des côtes et la multiplicité des chenaux, qui s'insinuent entre les criques et les récifs, se prêtent admirablement aux embuscades et à l'attaque des convois espagnols, chargés d'or et de matières précieuses, faisant route vers Séville.

L'archipel, négligé par l'Espagne, restera un *no man's land* politique jusqu'au moment où, en 1647, un groupe d'aventuriers qui se nomment « éleuthériens » (du mot grec *eleutheros*, liberté) s'installe dans l'île Eleuthera. Une charte royale leur est accordée, humanitaire et démocratique. Depuis Charles Ier, les Bahamas relèvent de la Couronne britannique. Mais les agressions des pirates devenant de plus en plus dévastatrices, le roi d'Angleterre décide l'envoi d'une escadre et d'un corps de troupe pour maintenir l'ordre dans l'archipel. Un gouverneur énergique, le capitaine Rogers, fait pendre haut et court neuf pirates, et, désormais, les colons peuvent vivre et travailler en paix.

Les Bahamas seront de tout temps « terre d'asile » pour les champions ou les victimes des causes perdues. Les loyalistes irréductibles, après la révolution américaine, s'y installeront. De nombreux confédérés préféreront s'exiler aux Bahamas plutôt que de se plier à la loi des nordistes. Et le « New Deal » de Roosevelt, en 1930, entraînera vers l'archipel beaucoup d'opposants aux nouvelles mesures économiques et sociales. Refuge des trafiquants de rhum pendant la « guerre » de la prohibition, et plus tard des familles anglaises fuyant les bombardements de la Seconde Guerre mondiale, l'archipel sera le lieu de rencontre de personnages très divers.

Une île très riche appelée Cuba

Le 14 octobre 1492, les caravelles de Christophe Colomb lèvent l'ancre de l'île de Guanahani et poursuivent leur exploration vers le sud. Les indigènes lui ont fait comprendre par gestes qu'il se trouvait par là une île très riche, appelée Cuba, qui ne peut être que Cipango. L'or y abonde. Le 20 octobre, la flotte atteint Cuba et longe la côte orientale. Le 28 octobre, elle entre dans un « très beau fleuve » et s'amarre au rivage. Colomb descend à terre en chaloupe. Il visite les habitations, où il y a « des chiens qui n'aboient jamais, des oiseaux

Une indigoterie aux Antilles au XVIIe siècle.

sauvages et domestiques, des filets merveilleusement travaillés, des armes et des instruments de pêche ». Mais c'est l'or qui l'intéresse. Jusqu'au 2 novembre, les caravelles croisent le long de l'île; il envoie des barques à terre et essaie de nouer des relations avec les insulaires, dont certains, enhardis par les manières aimables de Colomb, montent à bord des navires espagnols. Puis, le 12 novembre, la flotte quitte Cuba pour Hispaniola-Haïti.

Au cours de son deuxième voyage, le 30 avril 1494, Colomb abordera de nouveau Cuba par le sud. Il y fera escale une fois de plus au cours de son dernier voyage, pour se ravitailler en pain de cassave et en eau fraîche. Pas une seconde il n'aura l'idée de faire le tour complet de Cuba, ce qui lui aurait permis de se rendre compte que c'était une île et non une terre avancée du continent asiatique.

Cuba et Haïti seront désormais les deux plates-formes d'où s'élanceront les conquistadores. De 1509 à 1523, Diego Colomb, nommé vice-roi des Indes, sera le gouverneur des terres découvertes par son père. Dès son arrivée à Haïti, il nommera à son tour des gouverneurs dans les principales îles, dont Diego Vélasquez, en 1511, à Cuba.

Le premier soin de Vélasquez est d'achever l'exploration de l'île, car on sait maintenant que c'en est une. Cibao, la « montagne de l'or », est reconnue, à l'est. Les « adjoints » de Vélasquez sont des personnalités cruelles et brillantes, qui bientôt feront leurs preuves au futur Mexique. Il y a aussi Bartolomé de las Casas, fils d'un compagnon de Colomb, qui, écœuré par la brutalité de son entourage, se fera ordonner prêtre à Santiago de Cuba. Dès lors, il sera le protecteur des Indiens et obtiendra de la Couronne des lois limitant le pouvoir des colons.

C'est au cours d'une expédition organisée en 1517 que les Espagnols abordent la côte du Yucatan. Peu de temps après, une deuxième expédition, commandée par Fernand Cortez, suit la première. Elle découvre le Mexique — baptisé Nouvelle-Espagne —, ce qui fait de Cuba la tête de pont de la conquête. Dès lors, la population espagnole de l'île ne cesse de s'accroître. On vient chercher fortune non seulement dans les rangs des conquistadores, mais aussi dans l'agriculture et dans les mines. Car il y a de l'or! D'où la nécessité impérieuse de trouver de la main-d'œuvre. Pour suppléer les Indiens épuisés et dont beaucoup meurent à la tâche, on fait appel à l'immigration des Noirs d'Afrique. Pendant plus d'un demi-siècle, les Espagnols parviendront à maintenir fermé le verrou de la mer des Antilles. La France de François Ier s'emploiera à le faire sauter. Les corsaires français, postés à la sortie de l'étroit chenal qui sépare la Floride des Bahamas, guetteront les galions espagnols venant du Mexique et les attaqueront. Ils feront de fructueuses descentes à Santiago et à La Havane. Stimulés par les initiatives françaises, les Anglais se mettent de la partie, Hawkins et Francis Drake à leur tête.

Les voix des patriotes

Au début du XVIIe siècle, un calme relatif règne à Cuba. Mais la guerre de Trente Ans offre aux Anglais et

Prise des forts et de la ville de La Havane par les Anglais en 1762.

aux Français une excellente occasion de reprendre leur ruée sur l'Amérique espagnole. Un troisième larron se présente : la Hollande. Tandis que la flotte hollandaise bloque celle du roi d'Espagne, Français et Anglais occupent les îles, les premiers à Saint-Domingue, les seconds à Cuba. De durs combats s'engagent entre Espagnols et Anglais. Mais le traité de Paris restitue Cuba à l'Espagne et enlève à Haïti le titre de capitainerie générale.

C'est alors pour Cuba une ère de prospérité et de paix sous le règne de Charles III, le « despote éclairé ». Le sucre et le café se vendent bien. Les colons s'enrichissent. Cuba vit ses derniers beaux jours. Bientôt, en effet, les colonies hispano-américaines, entraînées par l'exemple des États-Unis, vont une à une secouer le joug. Seule Cuba reste fidèle à l'Espagne, alors que sa voisine, Haïti, devenue française, est libre depuis 1803. Ce n'est pas que soient muettes les voix des patriotes. José Maria de Heredia, chantre des conquistadores, le mulâtre Placido, le Vénézuélien Narciso Lopez lancent des appels vibrants au séparatisme. Ils trouvent peu d'écho auprès de la majorité de la population, composée d'Espagnols intransigeants, pour la plupart volontairement émigrés des territoires récupérés par les créoles, afin de conserver leur pureté de sang hispanique.

A Madrid, la mort prématurée d'Alphonse XII a laissé régente la reine Marie-Christine, enceinte du futur Alphonse XIII. C'est pendant les quinze ans de cette régence que Cuba se détachera de l'Espagne. Depuis longtemps, les Cubains supportent mal la tutelle de chefs qui se montrent brutaux et intraitables. Les États-Unis, favorables à la cause cubaine, représentée à New York par un comité révolutionnaire, finissent par s'émouvoir. En guise de démonstration, le cuirassé américain *Maine* jette l'ancre dans la baie de La Havane. Quelques jours après, il explose et sombre (févr. 1898). Les Américains, tenant l'Espagne pour responsable de la catastrophe, lui déclarent la guerre. Après l'ultimatum de McKinley, la flotte espagnole, commandée par l'amiral Cervera, cingle vers Cuba, alors que le peuple madrilène, mal informé, chante « Un, deux, trois, et c'en est fait de Mac Kinley! » L'allégresse sera de courte durée. Bloquée dans le port de Santiago, l'escadre espagnole y est pulvérisée par les canons américains, et bientôt Madrid sollicite la paix, cédant Cuba aux États-Unis. Ceux-ci lui accordent la liberté sous condition, c'est-à-dire sous contrôle américain, le gouvernement de Washington se réservant le droit de « conseiller » la politique intérieure et extérieure du pays. Ainsi se terminera le combat héroïque des libérateurs cubains, scandé par le cri fameux : *« O Cuba libre o aqui fué Cuba »* (Ou Cuba sera libre ou elle cessera d'être).

Le « Mouvement du 18 juillet »

Dès lors, libéraux et conservateurs se succèdent au pouvoir, sans que ni les uns ni les autres puissent dégager Cuba

Fidel Castro après sa prise du pouvoir.

de la tutelle économique des États-Unis — pendant longtemps son unique créancier — et de sa domination politique et militaire. En contrepartie d'une liberté nominale, les Cubains ont, en effet, cédé aux Américains deux bases navales, Bahia Honda (en face de la Floride) et Guantanamo (dans l'Est), ce qui équivaut à une mainmise militaire permanente. Quant au droit d'intervention reconnu aux États-Unis, ceux-ci l'exerceront à diverses reprises : en 1906, pour mater le soulèvement libéral de Miguel Gomez, et en 1917, où ils occuperont l'île pendant deux ans.

Défilé anniversaire de la victoire à La Havane, en 1959.

Les chefs de gouvernement se succèdent. Machado prend le pouvoir en 1925, mais il est déposé en 1931. Puis deux hommes politiques occuperont la scène politique : Grau San Martin et le général Batista. Depuis 1934, les États-Unis ont renoncé à leur droit d'intervention. A quoi bon! Cuba leur appartient économiquement. Ils lui achètent la totalité de la production sucrière, soit 90 p. 100 de ses exportations globales. Les commerçants et les hôteliers cubains se réjouissent, les tenanciers de bars et de maisons closes aussi, dont l'industrie est prospère. Mais la jeunesse, rongeant son frein, évoque avec une nostalgie rageuse José Marti, Antonio Maceo et Maximo Gomez, qui, à la fin du XIXe siècle, n'ont pas chassé les Espagnols pour retomber dans un autre esclavage, déguisé certes, mais réel. Aussi prêtent-ils attention aux appels qui s'élèvent du maquis, ceux d'un avocat : Fidel Castro.

Le « Mouvement du 18 juillet » est accueilli par les Cubains avec un enthousiasme frénétique. Le 1er janvier 1959, Batista s'enfuit et Fidel Castro prend le pouvoir. Catholique, appartenant à une excellente famille, il est assez bien accepté par les États-Unis. Après tout, c'est un démocrate! Mais bientôt Washington déchantera. Les *barbudos* sont avant tout des révolutionnaires, impatients d'appliquer leur programme. Et, bien que se défendant d'abord d'être communiste, Fidel Castro inquiète les Américains. 1959 est l'année de la réforme agraire, qui se traduit par une redistribution des terres. La production agricole s'en trouve augmentée, mais les mécontents sont nombreux. En 1961, Castro s'attaque à l'éducation. Il forme de jeunes professeurs qui partent dans les coins les plus reculés pour instruire les illettrés — 45 p. 100 de la population. Trois ans après sa prise de pouvoir, Castro entreprend enfin une tâche difficile : l'industrialisation. Il faut établir un plan, le réaliser. Ce sera l'œuvre de « Che » Guevara.

Peu à peu, Castro accentue sa progression vers l'U. R. S. S., et en septembre 1960 les États-Unis rompent leurs relations avec Cuba, engageant les pays membres de l'Organisation des États américains à faire de même. Seul le Mexique refuse. C'est pratiquement le blocus pour Cuba, ce qui contribue à la rejeter dans le camp soviétique. Jugeant insuffisante la rupture diplomatique, les États-Unis décident alors de renverser le régime castriste par la force. Le 17 avril 1961, sous l'administration du président Kennedy, a lieu le débarquement de « nationalistes » cubains dans la baie des Cochons. Mais en trois jours l'armée cubaine, pourvue d'un bon matériel de guerre, a raison de l'agresseur. L'échec militaire et moral des Américains est retentissant.

Désormais, il sera difficile pour Fidel Castro de répudier le communisme. Quelle autre méthode que celle du marxisme-léninisme pour mettre à bas des structures bourgeoises ancestrales? L'angoissant problème que connaît Castro est à la fois idéologique et économique. Il lui faut mettre d'accord entre elles les diverses tendances de l'extrême gauche cubaine et, par ailleurs, sans attaquer de front les États-Unis, ne pas se fâcher avec les Chinois, tout en obtenant le maximum de l'U. R. S. S. Son jeu est difficile. Les contradictions internes qui rongent le monde communiste n'épargnent pas l'Amérique latine. Elles atteignent la révolution de Castro, et, si celui-ci veut porter son combat dans d'autres pays du continent latino-américain, il devra nécessairement adapter sa stratégie aux communistes locaux. Ou bien il risque la solitude. Il n'en demeure pas moins que Cuba reste la tête de pont du communisme en Amérique latine. Succédant à la dure occupation espagnole de la fin du XIXe siècle et au « protectorat » américain de la première moitié du XXe, on ne peut nier que le régime castriste, fondé au nom de l'« humanisme », ait donné aux Cubains un niveau de vie et de dignité dont sont très éloignés encore leurs frères des Andes et du Nord-Est brésilien.

Les vicissitudes d'Haïti

Le 6 décembre 1492, Christophe Colomb jette l'ancre à l'île d'Haïti, qu'il appelle *Hispaniola* — la Petite Espagne. Elle connaîtra d'innombrables vicissitudes. Frappés par la douceur et la docilité des Indiens — « ils sont très propres à être commandés pour travailler, ensemencer et faire tout ce qui sera nécessaire » —, Colomb et ses successeurs les mettent pratiquement aux travaux forcés. Aussi ne pourront-ils résister au terrible régime qui leur est imposé. D'où la nécessité où se trouveront les Espagnols d'importer de la main-d'œuvre noire, qui, dès le début du XVIe siècle, travaille sur les plantations de tabac et de canne à sucre.

Deux siècles après la découverte d'Haïti, le traité de Ryswick, en 1697, partage l'île entre l'Espagne et la France. La partie occidentale — Haïti ou Saint-Domingue — est à la France, tandis que l'Espagne conserve la partie orientale — la future république Dominicaine, que les Espagnols appelleront *Santo Domingo*. Un siècle plus tard, le traité de Bâle concéda à la France la totalité de l'île, qui deviendra l'un des plus beaux fleurons de l'Empire français d'Amérique et la plus riche colonie européenne du Nouveau Monde. Trente mille colons français emploient un demi-million d'esclaves : la main-d'œuvre...

La nouvelle de la prise de la Bastille bouleverse les hommes de couleur. D'abord les mulâtres et les quelques Noirs libres, divisés en *Pompons* blancs et en *Pompons* rouges, selon qu'ils sont ou non partisans de la soumission à la métropole. Et les esclaves? Ils ne bougent pas encore, terrifiés par les Blancs, les créoles et les mulâtres. Mais, dans la nuit du 14 août 1791, une sauvage insurrection éclate, à laquelle participent les esclaves et les mulâtres. La répression est atroce. La lutte, cependant, ne fait que commencer. Un chef s'impose : Toussaint Louverture. Entre-temps, la Convention proclame l'affranchissement des esclaves, le 29 août 1793. Le désordre est tel à Saint-Domingue que les Espagnols et les Anglais en profitent pour en occuper la presque totalité. C'est alors que Toussaint Louverture révèle son talent politique. Au lieu de combattre les Français, il décide de s'allier avec eux contre les Anglais et les Espagnols. Il rétablit la situation militaire, repousse l'ennemi, conserve Saint-Domingue à la France et pacifie l'île, à laquelle il donne une constitution. Est-ce l'âge d'or de la « négritude »? Il n'y a plus d'esclaves, mais des ouvriers noirs, protégés par Toussaint Louverture, devenu d'abord général, puis gouverneur. Hélas! Bonaparte va remettre tout en question. Malgré une lettre émouvante du « premier des Noirs au premier des Blancs », une expédition militaire, commandée par le général Leclerc, mari de Pauline Bonaparte, prend pied sur l'île. Toussaint résiste avec vigueur, puis fait la paix avec Leclerc. Malgré les promesses qui lui sont faites, il est envoyé en France et incarcéré au fort de Joux, dans le Jura, où il meurt de privations et de froid. Le départ de Toussaint Louverture n'a pas mis fin à l'insurrection noire. Par ailleurs, une épidémie de fièvre jaune décime le corps expéditionnaire français. Leclerc y succombe. Rochambeau, son successeur, capitule le 19 novembre 1803. Dessalines proclame l'indépendance de Saint-Domingue le 1er janvier 1804 et se fait couronner empereur de l'île, à laquelle il redonne son nom caraïbe d'Haïti. Il lui donne également son drapeau. Du bleu, blanc, rouge, il ne subsistera plus que le rouge, symbole des Noirs, et le bleu, dévolu aux mulâtres.

Une autre histoire commence alors pour Haïti, celle de ses vicissitudes politiques. Après la mort de Dessalines, la république éclate : Pétion gouverne dans le Sud, Rigaud dans l'Ouest et Christophe dans le Nord. Boyer refait l'unité. Pour peu de temps. En 1847, un général haïtien, Soulouque, jouera à l'empereur, et le désordre s'installera dans le pays, coupé de rares moments d'accalmie, jusqu'en 1915, où les États-Unis interviennent. L'occupation militaire américaine d'Haïti dure jusqu'en 1934, mais le contrôle financier se poursuit jusqu'en 1941. Dès lors, Haïti entre à nouveau dans une ère troublée. Lescot, accusé de concussion, doit s'enfuir au Canada. Son successeur, Dumarais Estimé, s'exile pour la même raison. Magloire connaît un sort identique. Enfin, en 1957, une junte militaire hissera au pouvoir le docteur François Duvalier.

Réélu en 1963 pour six ans, celui qu'on appelle « Papa Doc » gouverne avec fermeté, entouré de ses « tontons macoutes » — en créole croquemitaines — et fort de la sympathie agissante et payante des États-Unis. Sa position est solide, et les émeutes d'avril, de

Toussaint Louverture.

même qu'une tentative de débarquement en 1964, n'ont pas réussi à l'ébranler. Il « maintient l'ordre » et reçoit d'importantes subventions des États-Unis — 40 millions de dollars en dix ans. Il réussit même à mettre la religion populaire de son côté, invoquant souvent les dieux et les sortilèges du *vaudou*, et songe, en mars 1965, à se faire proclamer empereur d'Haïti sous le nom de François Ier. Cependant, l'opposition au gouvernement Duvalier grandit. Peut-être finira-t-elle par triompher, malgré la protection américaine, d'un régime où l'obsession de l'ordre conduit à la tyrannie.

Valse hésitation à Saint-Domingue

L'histoire de la future république Dominicaine est celle d'une « valse hésitation », souvent sanglante. D'abord espagnole, sous le nom de *Santo Domingo*, elle devint indépendante, est ensuite incorporée à la Grande Colombie de Bolivar, puis finalement accepte, sous la présidence de Boyer, le rattachement à Haïti. Pendant longtemps, sa capitale conservera le nom ancien de Santo Domingo de Guzman — celui du fondateur de l'ordre des Dominicains, saint Dominique. Puis elle prend le nom de son célèbre dictateur : Ciudad Trujillo.

En 1844, la république redevient indépendante pendant dix-sept ans, mais sur la proposition de son président Santana elle se redonne à l'Espagne en 1861. Ce qui n'est pas du goût de tous les Dominicains. Après quatre années de guérillas, les Espagnols renoncent à ce cadeau empoisonné et remettent Saint-Domingue à ses citoyens turbulents et instables. Quatre ans plus tard, le président Baez négocie sans succès une annexion de Saint-Domingue aux États-Unis. Mais, devant la ronde des dictateurs, qui, à l'exception d'Ulysse Heureux, risquent de ruiner le pays, les Américains décident, en 1916, d'intervenir vigoureusement. Les *marines* débarquent, avant-garde d'un gouvernement militaire américain qui, jusqu'en 1922, dirigera pratiquement les affaires du pays. Après la présidence d'Horacio Vasquez, un personnage haut en couleur occupe la scène politique de 1930 à 1961 : Rafael Leonidas Trujillo y Molina, dont les initiales R. L. T. M. donnent son slogan au parti unique dominicain — *Rectitude, Liberté, Travail, Moralité*.

Après trente ans d'une dictature impitoyable, Trujillo est assassiné. C'est un soulagement pour Saint-Domingue, ce n'est pas la paix civile. Balaguer assure une difficile période de transition; après lui, Juan Bosch, leader du Parti révolutionnaire, sera chassé du pouvoir par celui de l'extrême droite, le général Wessin y Wessin, qui suspend

Rafael Trujillo.

le Congrès et installe la junte de Reid Cabral. Alors intervient, le 24 avril 1965, un coup d'État militaire, appuyé cette fois par le peuple. L'insurrection surprend les milieux gouvernementaux par sa soudaineté et son unanimité. L'engagement décisif aura lieu au pont Duarte, où l'armée populaire battra celle de Wessin y Wessin. Affolé, ce dernier appelle à son secours les États-Unis, qui, pour briser la menace « révolutionnaire », envoient à Saint-Domingue un corps expéditionnaire. A la mi-mai, 22 000 marines et parachutistes — et autant d'hommes des services — occupent la république Dominicaine. Pour justifier leur opération, les États-Unis publient la liste des agents communistes. Ils sont 53! Deux gouvernements locaux s'opposent. L'un dit « constitutionnaliste », dirigé par le colonel Caamano; l'autre de « reconstruction nationale », présidé par le général Barreras. Les Américains imposent un troisième gouvernement, celui du président García Godoy. En outre, ils créent une armée « interaméricaine », commandée par le général brésilien Panalvim et réunissant une partie des forces dominicaines, ainsi que quelques éléments latino-

La voiture de Rafael Trujillo, après son assassinat, le 30 mai 1961.

Ci-dessus et ci-contre : scènes de l'insurrection militaire de 1965 à Santo Domingo.

américains, sous le pavillon de l'O. E. A. Ultérieurement, l'O. N. U. avalisera l'initiative américaine, exerçant sa médiation entre les « constitutionnalistes » et les partisans de Barreras. Les élections générales de juin 1966 voient s'opposer des « revenants » : Balaguer et Juan Bosch. Contre toute prévision, Balaguer est élu. Sa politique, anticommuniste et pro-américaine, vise surtout à rétablir l'économie du pays, durement touchée par les événements des dernières années. Les États-Unis reprennent alors leur rôle de bailleurs de fonds et de clients privilégiés de la république Dominicaine, en même temps que de tuteurs politiques.

Ni or ni pierres précieuses à la Jamaïque

C'est au cours de son deuxième voyage que Christophe Colomb découvre, le 13 mai 1494, l'île de la Jamaïque. Mais il en avait déjà entendu parler, lors de son premier voyage, comme d'« une grande île où l'or existe en grande quantité. On y récolte des morceaux gros comme des fèves. Cette île s'appelle Yamayé ». Elle est peuplée par les Arawaks, qui s'y sont installés aux environs de l'an mille. La déconvenue de Colomb sera grande : il ne s'y trouve ni or ni pierres précieuses. Aussi la Couronne ne s'intéresse-t-elle que

31

médiocrement à cette île, sinon pour la cultiver à l'aide de la main-d'œuvre indienne, à laquelle on impose des travaux au-dessus de ses forces. De même que dans les autres Antilles, les Noirs remplaceront bientôt les Indiens. Les historiens semblent d'accord pour situer le débarquement de Colomb dans la baie de la Découverte, ou Dry Harbour (Port-Sec), qui se trouve à peu près au milieu de la côte septentrionale. La première capitale de l'île sera Sevilla Nueva, près de la côte, que les Espagnols transféreront à Santiago de la Vega — plus tard Spanish Town — pour se protéger des corsaires français. Elle restera la capitale de la Jamaïque pendant trois siècles et demi.

Au début du XVIIe siècle, l'Espagne connaît en Jamaïque de cruels revers : révoltes d'esclaves noirs, débarquements anglais et batailles sanglantes qui mettent un terme à l'occupation espagnole, remplacée par celle des Britanniques. La Jamaïque, alors, devient un grand marché d'esclaves en même temps qu'une riche colonie agricole. La capitale en est Kingston, construite après la destruction de Port-Royal par un terrible tremblement de terre. Mais l'abolition de la traite des Noirs porte un coup sévère à l'économie, et, en 1865, une insurrection raciale, brutalement réprimée, marque la fin des vicissitudes jamaïquaises. A partir du XXe siècle, le destin de la Jamaïque, étroitement lié aux intérêts anglais, suit un cours relativement paisible. Les produits jamaïquais bénéficient sur le marché britannique de conditions préférentielles. En 1947, il est question de réunir l'ensemble des colonies britanniques sous l'autorité d'un gouvernement fédéral qui, en 1958, siège effectivement à la Trinité à la tête d'une « Fédération des Indes occidentales », dont la Jamaïque constitue l'une des parties les plus importantes.

« Danse de nègres » à l'île de la Dominique, au XVIIIe siècle.

Mais ce mariage d'intérêt ne dure pas. Le 6 août 1962, à la suite d'un référendum, la Jamaïque devient un état indépendant, membre à part entière du Commonwealth britannique.

Il y a de l'or à Porto Rico !

16 novembre 1493. Christophe Colomb a quitté le port de Cadix depuis près de deux mois en direction de l'ouest. C'est son deuxième voyage. Il a mis le cap sur Haïti et complète les découvertes de son premier voyage. Il accoste une île nouvelle. Les indigènes l'appellent *Borinquem*. Miracle ! Il y a de l'or. Aussi Colomb la baptise-t-il *Puerto Rico* (Porto Rico). Un de ses compagnons, Ponce de León, s'emplit les poches de ce métal merveilleux. Six ans après, il est gouverneur de l'île, fonde une ville qui porte son nom et fait fortune. Il s'y trouve si bien que, dix ans plus tard, Diego Colomb, le fils du Découvreur, devra employer la force pour l'en déloger.

Pendant longtemps, Porto Rico fournit beaucoup d'or à l'Espagne — de 1509 à 1536 : 2 760 livres d'or, le quint du roi, soit le cinquième de la production. Puis la source se tarira et bientôt la tâche essentielle des gouverneurs espagnols sera moins de mettre Porto Rico en valeur que de la défendre contre les incursions des pirates. Jusqu'en 1870, son régime politique est celui des autres possessions espagnoles. A cette date, elle devient une province d'Espagne, représentée aux Cortès. Mais la vague révolutionnaire, qui a épargné Porto Rico au moment de l'Émancipation, commence à déferler sur l'île. L'Espagne réagit brutalement. Les États-Unis s'émeuvent, et c'est alors l'affaire du *Maine* à Cuba, qui entraînera, par voie de conséquence politique, l'occupation de Porto Rico par les fusiliers marins américains. Le traité de Paris consacre le nouveau statut de Porto Rico, qui devient colonie américaine. En 1917, le « Jones Act », voté par le Congrès, confère aux Portoricains la nationalité américaine. En 1948, à la suite d'un référendum, Porto Rico est, en principe, un « Commonwealth libre », associé aux États-Unis. Cependant, Porto Rico reste sentimentalement attaché à l'*Hispanidad*, ce qui a pris curieusement la forme du nationalisme. En 1950, les nationalistes portoricains tenteront d'assassiner le président Truman. En 1954, une bombe explosera dans la salle du Congrès. Est-ce à dire que Porto Rico ne se contente pas du « statut d'État libre associé aux États-Unis » obtenu en 1952 ? Il est de fait que Porto Rico ne compte pas parmi les États figurant sur la bannière étoilée des États-Unis, pas plus qu'elle ne participe aux élections présidentielles américaines ou à celles du Congrès. Ses habitants ne sont ni pleinement indépendants ni citoyens des États-Unis à part entière, et ils ne conservent de l'Espagne qu'un souvenir folklorique : on comprend leur amertume. Le problème du sous-emploi contraint les Portoricains à émigrer aux États-Unis — ils sont 700 000 à New York —, où, en dépit de leur statut, ils sont souvent considérés comme des hommes de couleur, ce qui contribue à aggraver leur complexe nationaliste. Le protectorat économique américain, déguisé en indépendance légale, est-il une douloureuse nécessité ou l'indépendance réelle est-elle encore possible ?

« Onze mille vierges »

C'est le 14 novembre 1493 que Christophe Colomb, au cours de son deuxième voyage et à l'occasion d'une mission de reconnaissance à Haïti, ancre ses caravelles à l'embouchure de la rivière Salée, sur la côte nord d'une île que les indigènes appellent

Ay-Ay et que lui baptise Santa Cruz — la future Sainte-Croix. C'est la première île de l'archipel que le Découvreur nommera « Onze-mille-Vierges », en hommage à sainte Ursule et à ses compagnes, ou plutôt à sa compagne *Undecimilla*, dont le nom (*undecim milla*, onze mille) donnera lieu à cette amusante équivoque.

A l'époque, les îles Vierges étaient habitées depuis longtemps — depuis l'an mille, dit-on — par les Arawaks, que devaient, un siècle avant Colomb, supplanter les Caraïbes. Peu à peu, les Européens s'y installèrent. Les premiers, les Hollandais fondèrent à Sainte-Croix la plus ancienne colonie des îles Vierges. Ils furent suivis, tout au long du XVIIe siècle, par des Anglais, des Français, des Espagnols et des chevaliers de Malte. L'occupation la plus fructueuse sera celle des Danois, qui, en 1672, s'établiront à Sainte-Croix puis, cinquante ans plus tard, à Saint John.

● Actuellement, les îles Vierges se divisent en deux groupes. Le premier comprend une cinquantaine d'îles — dont les plus importantes sont Saint Thomas, Sainte-Croix et Saint John — qui, depuis 1916, appartiennent aux États-Unis. Le second groupe englobe trente-six îles, dont la capitale est Tortola et, depuis 1956, relève de la Couronne d'Angleterre. Mais entre-temps que de péripéties, politiques, sociales, naturelles! Politiques, car les îles changent souvent de main, telle Sainte-Croix, qui, tour à tour, sera espagnole, hollandaise, française, danoise et, enfin, américaine.

Un flibustier célèbre : l'Olonnais.

Ile de Saint-Christophe : l'hôtel du lieutenant général Longvilliers de Poincy.

Sociales, car dès l'importation des esclaves noirs de terribles révoltes vont éclater. Naturelles, en raison des calamités qui ne cessent de s'abattre sur les îles. Ainsi l'histoire des îles Vierges est-elle marquée de catastrophes et de sanglants incidents — heureusement très espacés — contrastant avec un climat édénique, où l'hiver et l'été ne sont qu'un merveilleux printemps. Parfois, des orages dramatiques déchirent cette limpidité heureuse. En 1673, les premiers esclaves noirs arrivent aux îles Vierges. Pendant trois quarts de siècle, les navires danois et hollandais amèneront ce misérable bétail humain à la foire de Charlotte-Amalie (nom de l'épouse du roi Christian V), à Saint Thomas, qui sera l'un des marchés d'esclaves les mieux achalandés des Antilles. A la fin du XVIIIe siècle, il y aura douze esclaves noirs pour un Blanc!

Blancs et Noirs se haïssent et se craignent mutuellement. Mais les Blancs sont les plus forts, encore qu'ils vivent dans la hantise d'une révolte des esclaves, qui ont sur eux la supériorité numérique. Aussi prennent-ils leurs précautions. Il arrivera, cependant, que la haine sera plus forte que la peur. A Saint John, à l'aube du 23 novembre 1733, le tam-tam appellera les Noirs à l'insurrection. Allant de plantation en plantation, une armée d'esclaves massacrera tous ceux des Blancs qui n'ont pu s'enfuir dans les îles voisines. Pendant six mois, les Noirs régneront en maîtres à Saint John. Il faudra une expédition militaire française, venue de la Martinique, pour les réduire à merci. Sombres événements qui, avec les « descentes » périodiques de boucaniers, les épidémies, les cyclones, les raz-de-marée et les « pluies d'insectes », ponctuent l'évolution des îles Vierges. A partir de la Première Guerre mondiale, elles acquièrent progressivement leur statut de territoire civilisé. Le transfert de souveraineté aux États-Unis — pour un prix de 25 millions de dollars — des îles dites « Indes occidentales danoises » entraîne pour ses habitants la nationalité américaine. Mais les deux cent cinquante ans d'occupation danoise y ont laissé leurs traces. Quant aux îles Vierges orientales, anglaises depuis le début, ou presque, de la pénétration européenne, elles sont économiquement tributaires de leurs voisines américaines.

Iles Sous-le-Vent, îles du Vent

Le 3 novembre 1493, Christophe Colomb découvre les îles moyennes des Petites Antilles et, à sa troisième expédition, celles du groupe méridional. Les noms qu'il leur donne sont encore, pour la plupart, ceux qu'elles portent aujourd'hui. Mais les Espagnols, déçus de n'y point trouver l'or convoité et ne tenant pas à user leurs forces inutilement contre les belliqueux Caraïbes, ne cherchent pas à s'établir dans ce groupe insulaire. Après l'écrasement de l'armada espagnole par les Anglais en 1588, les îles Sous-le-Vent constitueront d'excellentes bases pour les pirates et corsaires à l'affût des galions. A peu près à la même époque, les colons anglais et français s'installent à Saint-Christophe, qui, en 1627, est divisée entre les deux pays. Mais les Français,

Tremblement de terre à la Guadeloupe, en 1843.

attaqués par les Espagnols, s'enfuient de Saint-Christophe pour se réfugier à Saint-Martin et, de là, à Saint-Barthélemy. Qui sont ces Français? Des Normands, qui, partis de leurs verts pâturages, choisissent pour y faire fortune cette île aride et coiffée d'un volcan. En 1784, la France abandonne Saint-Barthélemy à la Suède, qui donne à sa capitale le nom de Gustavia. Puis, cent ans plus tard, un plébiscite la redonne à la France. Située au nord-est de la Guadeloupe, dont elle dépend administrativement, Saint-Barthélemy restera typiquement française : les natifs de l'île conserveront leur accent du Perche et leurs noms du terroir normand : Gréaux, Berry ou Bernier.

L'histoire des îles Sous-le-Vent et des îles du Vent est donc celle d'une lutte constante d'influences européennes, en même temps que celle du maintien opiniâtre de la présence française. Tandis que les Français de la Guadeloupe se transportent à Marie-Galante et aux Saintes, ils sont chassés de Sainte-Croix par les Anglais, de même que les Hollandais, lesquels se rendent à Saint-Martin et à Saint-Eustache. En fait, les vicissitudes politiques de ces îles reflètent celles des pays européens, notamment de la France et de l'Angleterre. De 1750 à 1815, la fortune des armes françaises, surtout napoléoniennes, bouleversera plusieurs fois la carte des Petites Antilles. La défaite de l'Empereur fixera à peu près définitivement leur statut.

Iles Sous-le-Vent... souvenir des Caraïbes qui, en 1641, massacrèrent les Français à Marie-Galante et à Saint-Barthélemy. Souvenir également des gloires britanniques. Nelson tient garnison à Antigua. Il épouse à Nevis, tout contre Saint-Christophe, la belle veuve Frances Nisbet. Montserrat sera colonie irlandaise. Saint-Eustache sera célèbre par la vengeance des Anglais contre les Américains. Pour répondre à l'insolente démonstration du brick américain *Andre Doria*, en 1776, l'amiral britannique Rodney, cinq ans plus tard, lancera sur l'île une sévère expédition punitive. Saint-Martin est la seule des îles antillaises qui soit régie par deux gouvernements. Sur le « mont des Accords », un traité est signé, le 23 mars 1648, entre Français et Hollandais : il partage l'île entre les deux pays.

Les îles du Vent — la Dominique, Tobago, Saint-Vincent et Grenade — seront cédées à l'Angleterre par le traité de Paris, qui reconnaîtra à la France la souveraineté de Sainte-Lucie. Souveraineté précaire que se disputent, en dépit des traités, Français et Anglais, pendant tout le XVIIIe siècle.

Sainte-Lucie, en revanche, reste pendant longtemps, avec Saint-Vincent et la Dominique, la place forte des Caraïbes. A Saint-Vincent, dont le village caraïbe est détruit par une éruption volcanique en 1902, on se souvient du séjour du capitaine William Bligh, commandant du célèbre *Bounty*, qui, au retour de son second voyage à Tahiti, introduisit dans l'île l'arbre à pain. Enfin, la Barbade, appelée la « Petite Angleterre », n'a pas cessé, depuis 1625, d'appartenir à la Couronne britannique.

Guadeloupe, « île d'Émeraude »

« Au nom de la très sainte et indivisible Trinité; Père, Fils et Saint-Esprit; ainsi soit-il.
« Soit notoire à tous ceux qu'il appartiendra ou peut appartenir en manière quelconque. Il a plu au Tout-Puissant de répandre l'esprit d'union et de concorde sur les princes dont les divisions avaient porté le trouble dans les quatre parties du monde et de leur inspirer le dessein de faire succéder les douceurs de la paix aux malheurs d'une longue et sanglante guerre... »
Tel est le préambule du traité signé à Paris le 10 février 1763 entre la France et l'Angleterre, et dont l'original porte les signatures des plénipotentiaires respectifs de Louis XV et de Charles III, « Choiseul, duc de Praslin, et Bedford C. P. S. ». L'article 8 du traité stipule : « Le roi de la Grande-Bretagne restituera à la France les isles de la Guadeloupe, de Marie-Galante, de la Désirade, de la Martinique et de Belle-Isle. » En outre, la France conservera l'île Sainte-Lucie, occupée depuis 1748. En revanche, elle perdra Anguilla, Saint-Christophe, la Barbude, Antigua, Montserrat, la Dominique, Saint-Vincent, la Barbade, Tobago, la Grenade et les Grenadines. Date importante dans l'histoire des Antilles françaises, celle du traité de Paris marque la fin de leurs vicissitudes.
L'histoire commence le 4 novembre 1493, lorsque Christophe Colomb, au cours de son deuxième voyage, accoste l'île que les Caraïbes appellent *Karukera* : l'île aux belles eaux. Il la placera sous le patronage d'une célèbre Vierge espagnole : Notre-Dame de Guadalupe. Ainsi honorait-il le monastère des Hiéronymites, fondé par Alphonse XI en 1340, en reconnaissance de la victoire du Salado sur les Maures. La Vierge deviendra, par la suite, l'emblème des conquistadores.
Peu fréquentée par les Espagnols, la Guadeloupe reste « terre caraïbe » jusqu'en 1523. Puis les Anglais et les Espagnols s'en disputent la possession, tandis que les Français, embossés dans les criques, guettent et arraisonnent les convois espagnols. Car, au temps de Charles Quint, les corsaires français utilisent les futures îles françaises comme étapes de ravitaillement en eau douce — aiguades — et en viande séchée — boucanes — pour leurs expéditions.

En 1626, Pierre d'Esnambuc, cadet de Normandie, obtient de Richelieu des lettres patentes pour la création de la *Compagnie des Isles d'Amérique*. Elle est effectivement créée le 12 février 1635 par acte de François Fouquet. Les représentants, les « sieurs » de L'Olive et Duplessis, installent la première colonie française de la Guadeloupe, après que les Anglais et les Espagnols en eurent été chassés. Enchantés par le climat de l'île et ses coloris éclatants, les Français l'appelleront l'« île d'Émeraude ». Entre-temps, d'Esnambuc, manifestant un vif esprit d'entreprise, débarque à Saint-Christophe un contingent d'émigrants originaires de Normandie. Ils sont régis par un contrat dit d'« engagés », leur assurant, après trois années de travail forcé, un pécule et un lot de terrain, à charge pour eux de l'exploiter. La *Compagnie de Saint-Christophe* passe les contrats et administre l'ensemble. Ainsi et jusqu'à Louis XIV, la Guadeloupe, tout en restant vassale du roi de France, qui se réserve la nomination des gouverneurs, sera une propriété privée. Ses débuts sont difficiles, les propriétaires manquant d'expérience et ne s'entendant pas. Les problèmes d'exploitation et de ravitaillement sont angoissants. Une épidémie éclate dans l'île, suivie de famine. Les colons français se rendent bientôt compte que le paradis des « Isles » ne se conquiert qu'après un dur purgatoire. Ils sont finalement contraints de vendre l'île à un sieur Houel, pour 73 000 livres, le 4 septembre 1649, lequel, à son tour, la vend au roi de France. Colbert institue alors la *Compagnie française des Indes occidentales*, fondant en une seule toutes les sociétés coloniales; mais, au siècle suivant, Louis XV met fin à cet organisme hybride qui ne satisfait personne. Ainsi, et malgré ses statuts successifs, la Guadeloupe ne cessera d'être rattachée à la France, en dépit des occupations anglaises intermittentes et rela-

La mode à Pointe-à-Pitre en 1807.

tivement brèves. Celles-ci, d'ailleurs, de même que dans les autres îles de l'archipel antillais, sont consécutives aux conflits européens, comme en 1703, par exemple, au moment de la guerre de la Succession d'Espagne. En réalité, les deux grandes puissances maritimes, l'Angleterre et la Hollande, sont alors moins préoccupées d'une rupture de l'équilibre continental que de la mainmise française sur le commerce avec les colonies espagnoles. D'où l'intervention anglaise aux Antilles, et notamment à la Guadeloupe. Dans la relation de ses voyages aux « Isles de l'Amérique », le P. Labat évoque l'affaire avec bonne humeur et vivacité. Manifestement, cette aventure l'amuse. Il y participe personnellement au nom du roi, se met à la disposition d'Auger, gouverneur de la Guadeloupe, l'accompagne dans ses revues et n'hésite pas à faire le coup de feu. Il est enchanté de jouer à l'officier de liaison et de renseignement. De 1691 à 1816, les Anglais occuperont la Guadeloupe à sept reprises successives! Enfin, le 19 mars 1946, elle deviendra département français.

La Martinique : « l'île aux Fleurs »

Le 15 juin 1502, Christophe Colomb, à la fin de son quatrième et dernier voyage, aperçoit une île que les indigènes appellent *Matinino* ou *Madidina* — l'île aux Fleurs — et qu'il nomme Martinique en l'honneur de saint Martin. Elle le transporte d'enthousiasme. « C'est la meilleure, la plus fertile, la plus douce, la plus égale, la plus charmante contrée qu'il y ait au monde, c'est la plus belle chose que j'aie vue. Aussi ne puis-je fatiguer mes yeux à contempler une telle verdure. » Mais comme pour les autres Petites Antilles, son explosion de joie n'est suivie d'aucune suite pratique. Rien ne s'y passera jusqu'en 1636, où d'Esnambuc, devenu, pour le compte de Sa Majesté, gouverneur de Saint-Christophe, entreprend la conquête de la Martinique, propriété des maîtres de la Guadeloupe, les sieurs de L'Olive et Duplessis. Il sera plus heureux à la Martinique que ses propriétaires, et, instruit par son expérience de Saint-Christophe, il y introduira des méthodes agricoles sages et intelligentes. En quelques années, la Martinique, comme la Guadeloupe, devient « rentable ».

Très vite, le problème de la main-d'œuvre apparaîtra comme le plus important. Les Indiens se font rares. Le système des « engagés » ne donne pas ce qu'on en attend. La période « triennale », loin d'attacher les engagés à la terre, les en dégoûterait plutôt. « Ceux qui ne moururent pas s'évadèrent vers les ports, s'embarquèrent pour la flibuste, ne cultivèrent pas », écrit Gaston-Martin, cité par Jean Pouquet, qui conclut : « Le problème posé par les besoins de main-d'œuvre n'a pu être résolu que par l'introduction d'esclaves. »

Les colons français doivent donc recourir à la traite des Noirs, déjà pratiquée par les Espagnols peu de temps après la Découverte et selon le schéma « triangulaire » exposé par Jean Pouquet. Les bateaux partent des ports français équipés pour répondre à un double besoin : approvisionner les flottes marchandes en objets de troc — verroterie, pacotille — pour l'achat des esclaves et recevoir, entreposer, transformer les produits en provenance des Antilles. Le premier côté du triangle est constitué par le trajet des bateaux depuis les ports atlantiques — français et portugais — jusqu'à l'embouchure du Congo. La navigation des voiliers est facilitée par les vents alizés jusqu'au cap Vert et de là par le contre-courant équatorial qui rend aisé le cabotage le long de la côte africaine, où s'échelonnent les « comptoirs » de matériel humain. Une fois qu'ils ont fait leur plein en esclaves noirs, les bateaux cinglent vers les îles en empruntant le deuxième côté du triangle, c'est-à-dire la route maritime d'Afrique aux Antilles, celle-là soumise à un régime instable de courants et de vents. La cargaison d'esclaves est débarquée dans les îles. Les bateaux embarquent alors les marchandises locales, constituées par des produits exotiques, et repartent vers la France par la ligne droite, qui n'offre que peu de difficultés majeures, sauf le risque de rencontrer les corsaires rôdant aux alentours des ports antillais. Tel est le « triangle » commercial qui, utilisé par les trafiquants du Nouveau Monde, leur assurera commodément la fortune.

Jusqu'en 1740, la Martinique sera parmi les îles françaises la plus importante consommatrice de « bois d'ébène ». Puis Saint-Domingue la supplantera. La Guadeloupe, Saint-Christophe et Sainte-Lucie sont moins demandeuses. Il n'en demeure pas moins que, dès la fin du XVIIIe siècle, la traite est devenue la « pièce officielle de la politique coloniale française ». Elle est d'un usage si courant que, pendant deux siècles, seuls quelques philosophes humanitaires s'en émeuvent.

A cet égard, la lecture du P. Labat est édifiante. Relatant l'arrivée à la Martinique, en mai 1698, d'un vaisseau chargé d'esclaves noirs venant de Guinée, il note que son premier soin a été d'en acheter une douzaine, qui lui coûta 5 700 francs, payables en sucre brut « à raison de sept livres quinze

Le fort Royal de Saint-Pierre, à la Martinique.

sols le cent ». Et il précise, tout naturellement : « Les esclaves que nous avons aux îles nous viennent pour la plupart des deux Compagnies de Guinée et de Sénégal, qui sont seules autorisées par le Roi pour faire ce commerce. » Sans compter les « nègres » qu'on prend sur les vaisseaux ennemis ou qu'on enlève dans les pillages des îles. Quant au prix payé par les négriers aux vendeurs d'esclaves, il se règle « selon l'âge, le sexe, la force, la beauté, la complexion et le besoin qu'en ont les habitants ». La monnaie utilisée pour ces transactions de bétail humain? Des fusils, du papier, des étoffes légères et surtout des « bouges », c'est-à-dire des coquilles.
Entre le moment où les Compagnies les ont achetés aux « rois » africains — qui les ont eux-mêmes capturés à leurs voisins — et celui où ils sont débarqués aux îles, les Noirs sont considérés comme prisonniers de guerre. Ils sont attachés deux à deux avec une cheville de fer. Dès qu'ils ont trouvé acquéreur, ils redeviennent esclaves. Mais, auparavant, ils ont passé la « visite » et éventuellement subi une remise en état, car c'est tout nus qu'on les présente au marché. Estampillés au fer rouge, ils sont immédiatement mis au travail, après une évaluation sommaire de leurs aptitudes. C'est alors que s'éveille la sollicitude du P. Labat. Il conseille aux « habitants » de ne pas brusquer leurs nouveaux esclaves, de les purger, de les oindre d'huile de palma-christi, de les confier aux « anciens », qui seront leurs parrains de baptême. Ainsi auront-ils une « haute idée de la qualité de chrétien ».

Le rôle de Victor Schœlcher

A la Martinique comme à la Guadeloupe, la société est singulièrement stratifiée. Elle se décompose, en ordre d'importance décroissante, de la façon suivante : les hauts fonctionnaires, pleins de morgue et dédaigneux du reste de la population; les « Grands Blancs », d'origine noble — l'aristocratie superbe et riche, analogue aux « seigneurs » de Saint-Domingue; les « Petits Blancs », souvent descendants d'« engagés », sorte de ratés tenant boutique ou besognant pour le compte des Grands Blancs; les mulâtres et les Noirs, libres; enfin, à l'écart de la société et assimilés pratiquement au cheptel, les esclaves, dont le statut est fixé par le Code noir, inspiré par Colbert et promulgué en 1685. Ces derniers, cependant, comprennent des privilégiés : les « nègres de talent » — occupant des emplois de domestiques ou de petite maîtrise —, catégorie supérieure à celle des « nègres de culture », littéralement cloués à la plantation, sous l'œil et le fouet et à portée de fusil des terribles « commandeurs ». Ceux-là vivent comme des bêtes de somme, travaillant de l'aube au crépuscule. S'ils tentent de s'enfuir — on les appelle les marrons — et qu'on les rattrape, ils sont mutilés, voire amputés d'un membre. Bien que le concubinage entre un Blanc et une Noire soit sévèrement proscrit, il est inévitable dans un pays où les femmes blanches sont rares, les « négresses » lascives et belles et le climat aphrodisiaque. D'où la prolifération des mulâtres, généralement « libres », car leur père les affranchissait. Rien n'empêchait alors que ce mulâtre, s'il était doué et protégé, puisse devenir « quelqu'un ». Ainsi, le chevalier de Saint-Georges, né à Basse-Terre d'une esclave noire et d'un noble, deviendra un des personnages les plus à la mode du XVIIIe siècle : musicien et compositeur célèbre, c'est aussi un escrimeur et un brillant officier.
De même que pour les autres Antilles, les grands événements d'Europe et de France auront une incidence à la Martinique, à la Guadeloupe et dans les petites îles françaises, qui seront également touchées par les révoltes de Saint-Domingue. La politique interventionniste de Louis XV et de ses ministres, ayant pour effet de maintenir la France dans un état de guerre presque continu, entraînera des revers français dans les territoires antillais : attaque de Saint-Domingue en 1746, capitulation de la Guadeloupe et de la Martinique en 1759 et 1762, occupation par les Anglais des « petites îles ». Plus tard, la Révolution française, victorieuse provisoirement à Saint-Domingue, n'atteindra qu'à moitié la Guadeloupe et nullement la Martinique. Supprimé momentanément à la Guadeloupe par le décret du 16 pluviôse an II, l'esclavage y sera repris, puis aboli de nouveau, tandis que la Martinique se refusera à y renoncer. Cependant, à partir du second traité de Paris, en 1815, et en dépit de l'obstination des colons, la pratique de l'esclavage tend à diminuer, pour disparaître définitivement à la suite du décret du 27 avril 1848, dû à Victor Schœlcher. Les esclaves noirs de la Guadeloupe et de la Martinique, dont la plupart ont été depuis peu affranchis, deviennent citoyens français. Grâce à Victor Schœlcher, les Noirs ne seront plus persécutés, mais ils connaîtront encore des vexations. C'est ainsi que le droit de vote, qui leur a été reconnu par le décret

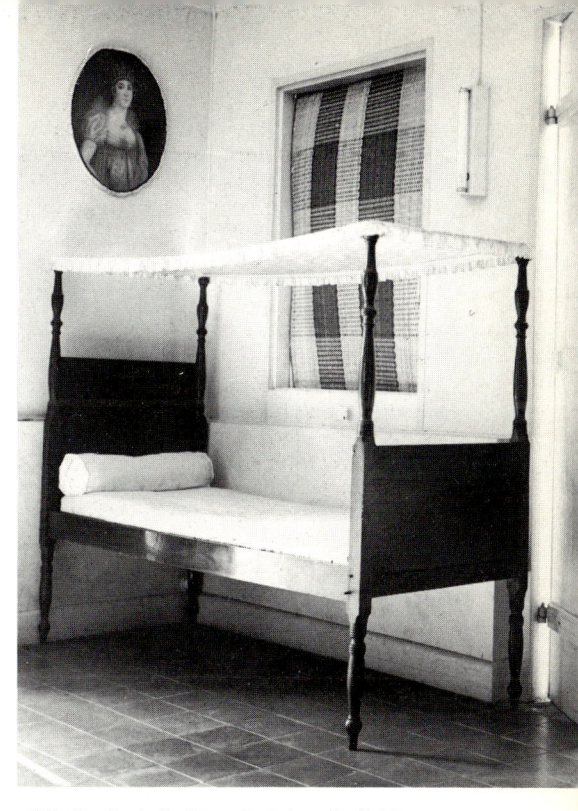

Lit d'enfant de l'impératrice Joséphine, née à la Martinique en 1763.

de 1848, leur est enlevé par Napoléon III. La IIIe République le leur redonnera, mais l'« assimilation » ne se fera pas en un jour.

Petites Antilles françaises

L'histoire des Petites Antilles françaises s'est terminée, elle aussi, en 1946. Les îles relèvent administrativement de la Guadeloupe, qui comprend deux arrondissements : celui de Basse-Terre — auquel sont rattachées Saint-Barthélemy, la partie française de Saint-Martin et les Saintes, et celui de Pointe-à-Pitre, incluant Marie-Galante et la Désirade. Mais, avant leur incorporation à la métropole, elles connurent bien des péripéties.
Aux avant-postes occidentaux du territoire français, les îles Saint-Martin et Saint-Barthélemy ouvrent le chemin des îles Vierges et de Porto Rico. Des îlets les entourent, aux vieux noms qui évoquent le XVIIe siècle : Tintamare, Trégate, la Poule et les Poussins... Bien que rapprochées, Saint-Martin et Saint-Barthélemy ont connu des destinées différentes. Découverte par Christophe Colomb lors de son deuxième voyage, le 11 novembre 1493, et baptisée par lui Saint-Martin — dont c'était la fête —, l'île sera délaissée par les Espagnols et occupée par les Français en 1638. Les Hollandais les en délogent et, à leur tour, doivent

céder la place à une armée espagnole de 9 000 hommes. Ceux-ci, après un bref essai de colonisation, abandonnent Saint-Martin, qui, par un traité du 23 mars 1648, est partagée entre la France et la Hollande. Depuis plus de trois siècles, les deux capitales — Marigot, celle de Saint-Martin, et Philipsburg, celle de Sint Maarten — collaborent amicalement à l'administration de l'île. Lorsque le P. Labat y passe, en 1705, la petite colonie, comprenant 200 âmes, prospère. La période révolutionnaire sera marquée par des troubles sérieux, qui obligeront les autorités civiles et religieuses à s'enfuir quelque temps dans l'île voisine, l'Anguille. Mais tout revient dans l'ordre. Au moment de l'abolition de l'esclavage, de nombreux propriétaires français abandonnent leurs terres, qu'ils vendent à des Anglais et à des Hollandais. Ce fait, joint à la position géographique de Saint-Martin, entourée d'îles anglaises, américaines et hollandaises, explique le déclin de l'influence française dans ce morceau insulaire d'un département français, réduit à un canton ne comprenant qu'une seule commune.

Toute différente est la destinée de Saint-Barthélemy. D'abord et pendant longtemps simple escale pour les bateaux croisant vers le Nouveau Monde, Saint-Barthélemy sera occupée par des Français en 1648, Bretons et Normands pour la plupart. Quelques années plus tard, les colons de l'île ont maille à partir avec les Espagnols et, surtout, sont décimés par les Caraïbes. Un nouveau contingent de Français vient prendre la suite des compatriotes disparus. Malgré une occupation suédoise de 1784 à 1877, Saint-Barthélemy restera typiquement française. Sa population, très catholique, demeure attachée aux traditions provinciales. Très « vieille France », l'île a conservé l'aspect des terroirs de l'Ouest, dont elle pratique encore les coutumes. Il n'est que de voir le soin qu'apportent les « paroissiens de Lorient » à borner leurs champs et leurs pâturages pour se croire sans peine dans les campagnes normandes ou bretonnes.

Vingt jours après son départ de Cadix pour le deuxième voyage et au moment où l'équipage commençait à se décourager, Christophe Colomb désigna un récif battu par les flots. La voilà, cette île tant désirée! La *Deseada*... la Désirade. « Mon île au loin, ma Désirade », chantera Apollinaire. Poursuivant sa route, Colomb découvre une autre île, qu'il appelle Marie-Galante, du nom de sa caravelle. Une troisième île, enfin, apparaît, ou plutôt un groupe d'îlots. Comment les baptiser? Les Saintes, car c'est le jour de la Toussaint. De là, on aperçoit la Guadeloupe. « Cap sur terre! » s'écrie alors Colomb. Ainsi la région de Sainte-Marie, où débarquera le Découvreur, en Guadeloupe, s'appellera-t-elle Capesterre.

Souvent disputées par les Hollandais et les Anglais avant de devenir définitivement françaises, ces îles connurent des heures historiques — la bataille des Saintes, en 1782, qui vit le succès de l'amiral anglais Rodney sur les Français, par exemple — et des gouverneurs illustres, tel à Marie-Galante Constant d'Aubigné, père de Mme de Maintenon.

Trois sommets : la Trinité (Trinidad)

Découverte par Christophe Colomb le 31 juillet 1498, à son troisième voyage, la Trinité sera baptisée ainsi à cause des trois sommets, visibles au large de l'île, et en l'honneur de la Sainte-Trinité. Les Espagnols ne s'y intéresseront qu'au début du XVIe siècle. Pendant longtemps, elle vivotera, et les Espagnols ne chercheront pas à s'y établir, bien que le climat soit excellent et la terre fertile. Par l'intermédiaire des contrebandiers de Saint-Eustache, les rares colons troqueront le cacao et l'indigo, la population, clairsemée, ne

Escadre hollandaise devant St-Thomas-de-la-Goïane (1629).

Danse de la chica à la Martinique.

comprendra que quelques centaines de créoles, de Noirs, de mulâtres et d'Indiens. Parfois, un corsaire à la recherche de l'Eldorado fera une descente, tel Walter Raleigh, qui, aidé par les indigènes, s'emparera de la forteresse, égorgera la garnison — trente hommes! — et fera prisonnier le gouverneur.
Sans doute la Trinité se serait-elle assoupie au long des siècles si le Français Roume de Saint-Laurent, au cours d'une visite en 1783, n'avait été frappé par les possibilités qu'elle offrait. Grâce à son extraordinaire activité et à ses interventions auprès des pouvoirs publics espagnols, la Trinité deviendra rapidement un des plus beaux fleurons de l'empire antillais. Une cédule du Conseil des Indes ayant permis à tous les étrangers — à condition qu'ils fussent catholiques — de s'établir à la Trinité, celle-ci verra sa population augmenter à un rythme rapide. A la fin du XVIIIe siècle, elle compte 2 151 Blancs, 4 476 gens de couleur et 10 100 Noirs.
Au moment où la Trinité atteint son plus haut niveau de prospérité, l'Angleterre, qui depuis longtemps souhaitait l'annexer à son empire, décide d'y envoyer un corps expéditionnaire. Comme elle se trouve en guerre avec l'Espagne, point n'est besoin de justifier son intervention. Elle sera brève et victorieuse, en raison de la supériorité matérielle et numérique des Anglais sur les Espagnols, qui, le 18 février 1797, capitulent devant Ralph Abercromby, commandant de l'expédition. La Trinité devient colonie de Sa Majesté. A son départ, Abercromby confie le gouvernement de l'île au colonel Thomas Picton, dont la main de fer s'appesantit lourdement sur une population qui, pourtant, avait accepté sans révolte la domination britannique. Bien que relevant toujours de la législation espagnole, les habitants, dans l'impossibilité désormais d'en appeler à l'Audience suprême de Caracas ou au Conseil des Indes à Madrid, sont en fait livrés au gouvernement despotique de Picton. La prospérité de l'île s'en ressent, et Picton est remplacé par un gouverneur plus compréhensif au moment de la paix d'Amiens, qui, en 1802, donne la Trinité à l'Angleterre.
Devenue indépendante en 1963, la Trinité conserve toujours, comme aux tout débuts de sa colonisation, une population très diversifiée. Aux grandes familles créoles d'origine espagnole, anglaise et française et aux nombreuses communautés noires sont venus s'ajouter d'importants noyaux asiatiques. Tout le monde vit dans la paix et la prospérité, comme au temps de Roume de Saint-Laurent. Mais aux richesses naturelles de la Trinité s'en est ajoutée une autre : le pétrole.

Bonaire, Curaçao, Aruba

Les Antilles dites « néerlandaises » se subdivisent en deux groupes. L'un, à l'extrémité nord des Petites Antilles, entre la Guadeloupe et Porto Rico, appartient aux îles du Vent : c'est la partie sud de Saint-Martin, Saba et Saint-Eustache. L'autre, à leur extrémité sud, au large des côtes vénézuéliennes, fait partie des îles Sous-le-Vent : Bonaire, Curaçao et Aruba.

Sucrerie aux Antilles au siècle dernier.

C'est en 1634 qu'une expédition hollandaise débarque à Curaçao. Elle constate que ce n'est pas une île déserte; 400 Indiens l'habitent, ainsi qu'une poignée d'Espagnols. Une bourgade est installée sur le futur Shottegat, vaste lagune communiquant avec la mer. Elle s'appelle Santa Ana. Les Espagnols, en effet, avaient découvert Curaçao en 1499 et s'y étaient installés au XVIe siècle. Les Hollandais prennent alors possession de l'île, dont le gouverneur sera Pieter Stuyvesant. En 1646, le gouverneur étend la souveraineté hollandaise à Bonaire et à Aruba. L'aridité du climat ne décourage pas les industrieux colons néerlandais. De Curaçao, que recouvre une maigre végétation d'épineux, ils font un grand centre commercial, dont les échanges se dirigent aussi bien le long de la côte voisine du continent sud-américain que vers des destinations lointaines.

Au début de l'ère de la prohibition, Curaçao, célèbre par ses liqueurs, devient la tête de pont de la contrebande de l'alcool vers Porto Rico et la Floride. Sa capitale, Willemstad, conserve son type hollandais : on y vit comme à Amsterdam et non comme à Caracas.
Cependant, Curaçao connaîtra les troubles politiques des autres îles antillaises. Les Anglais et les Français tenteront, alternativement, d'enlever Curaçao à la Hollande, entre 1666 et le début du XIXe siècle. En 1800, elle devient un protectorat britannique, mais deux ans plus tard retourne à la Hollande. Reprise par les Anglais une fois de plus en 1807, Curaçao est définitivement cédée au gouvernement de La Haye par le traité de Paris de 1815 et le traité de Londres de 1816. Jusqu'en 1950, les Antilles néerlandaises feront partie intégrante du royaume des Pays-Bas. A leur tête se trouve un gouverneur nommé par la Couronne; les états généraux se composent de quinze députés, dont dix seulement sont élus, les cinq autres étant désignés par le gouverneur. Au printemps de 1950, un nouveau statut est envisagé. Il sera définitivement fixé par la Conférence de la table ronde qui se tient à La Haye entre les Pays-Bas, le Surinam et les Antilles néerlandaises. Le statut dit « du royaume » parachève l'autonomie interne et proclame l'égalité des trois pays, tout en réglant la gestion commune des affaires intéressant le royaume.

Récolte de la canne à sucre à la Martinique.

Le présent

Dissemblables par leurs climats — quoi qu'on pense —, les îles le sont davantage encore par leurs régimes politiques. Tous ou presque y sont représentés, et les influences étrangères subsistent toujours. « Aujourd'hui, souligne Jean Pouquet, l'ensemble antillais offre l'image d'une véritable mosaïque internationale, où la dominante est fournie par les possessions anglaises, depuis les Bahamas jusqu'à la Trinité, en passant par la Jamaïque, que flanquent au nord les grands États indépendants de Cuba, d'Haïti et de la république Dominicaine. » Mais le colonialisme d'autrefois a assoupli ses techniques ou masqué son visage. Par ailleurs, autour d'îles devenues souveraines a souvent tourné, selon l'expression de Marcel Niedergang, la « ronde des croiseurs américains ».

LES ANTILLES FRANÇAISES

« L'indépendance quand vous voudrez. L'autonomie jamais. » C'est en substance ce qu'a répondu le général de Gaulle à Aimé Césaire, député-maire de Fort-de-France, lorsque celui-ci exprima le souhait que les Martiniquais et aussi, pourquoi pas, les Guadeloupéens aient en quelque sorte l'exclusivité de la gestion des affaires intérieures de leur île respective, tout en laissant bien sûr à la métropole les « portefeuilles clés » de la défense, de la monnaie et de la diplomatie.

Réponse que n'ont pas très bien compris nos compatriotes des Antilles, puisque, à l'époque où cette demande était formulée, assez timidement d'ailleurs, la France accordait un statut libéral à Djibouti et n'avait pas hésité quelques années auparavant à faire de même à l'égard de l'archipel des Comores.

« Des citoyens à part »

En rejetant aussi catégoriquement le principe de l'autonomie, le général entendait surtout signifier à son interlocuteur, soutenu, il le savait, par une minorité, que la République n'était nullement disposée dans une pareille alternative à continuer de distribuer ses subsides, qui seraient utilisés en dehors de son contrôle par les autorités « locales ». Subsides qui s'élèvent annuellement à 25 milliards d'anciens francs pour une Martinique de 350 000 habitants et à 22 milliards pour une Guadeloupe de 320 000 âmes. C'est-à-dire infiniment plus que ne consacre la rue de Rivoli, par tête de Français, aux départements métropolitains les plus favorisés.

Départementalisation ou indépendance, être des sujets assistés ou des citoyens à part entière : voilà précisément les options que ne peuvent prendre les Français des Caraïbes, Français depuis trois siècles, et de surcroît soumis à un curieux genre de protectorat. Protectorat qui a inspiré à ce même Aimé Césaire cette formule désormais célèbre : « Nous sommes des citoyens entièrement à part. »

Colonies jusqu'en 1946, la Martinique et la Guadeloupe devinrent à cette date départements. Mais, dans les faits, départements de second ordre. Un préfet remplaça le gouverneur tout en conservant les mêmes pouvoirs. Un ministère de tutelle, celui des D.O.M. et des T.O.M., fut instauré, « paravent » commode du pouvoir central, et l'on créa un franc spécial, espèce de sous-monnaie qui n'a cours nulle part ailleurs, et surtout pas en France. Le tout assorti d'étranges méthodes administratives, auxquelles personne ne songe à remédier. Si, par exemple, un Martiniquais veut se rendre à Marie-Galante, également possession française, il devra présenter ses papiers et faire visiter ses bagages au départ de Fort-de-France, à l'escale de Pointe-à-Pitre et à l'arrivée à Grand-Bourg : soit six contrôles policiers et douaniers quand il fait l'aller et retour dans la journée. C'est un peu comme si un Parisien allant à Montargis devait montrer « patte blanche » aux frontières de Seine-et-Marne, de l'Yonne et du Loiret.

Autre anomalie encore plus frappante à l'heure du Marché commun : nos compatriotes des Antilles paient un droit de douane de 6 ou 7 % sur toutes les marchandises importées de France. On appelle cela là-bas l'« octroi de mer », et les recettes servent à alimenter les caisses des municipalités.

Des préoccupations plus graves

On comprend mieux dans ces conditions pourquoi les insulaires désirent prendre une part plus importante dans la gestion de leurs affaires, qui sont pour l'instant presque exclusivement administrées par des fonctionnaires de la métropole. Fonctionnaires venus là généralement pour un séjour de deux ou trois ans, et qui pour cette raison n'entendent pas risquer de ruiner leur carrière en prenant des décisions que l'on pourrait juger intempestives en haut lieu.

A défaut d'une indépendance impossible (que ne permettrait d'ailleurs jamais l'Amérique), d'une autonomie refusée par la plupart à cause de ses conséquences économiques, on souhaiterait à la Martinique comme à la Guadeloupe que les Antillais de souche eussent davantage de responsabilités dans leurs départements, parce que, estime-t-on, ils sont plus au fait, et c'est normal, des particularismes locaux que les métropolitains, et par là mieux à même d'apprécier certains problèmes. Ce serait en somme une étape vers la « régionalisation ». Et les élites ne manquent pas d'ailleurs.

Mais nos compatriotes ont pour l'instant des préoccupations beaucoup plus graves quant à leur avenir, et c'est sans doute pourquoi ils votent toujours massivement pour le *statu quo*, parce que, à leurs yeux, il n'y a que la métropole qui puisse sinon les faire disparaître, du moins en atténuer les effets. Les principales sont : la démographie galopante; la crise du sucre et de la banane; le sous-emploi.

La Martinique, par exemple, est l'une des régions du monde qui connaissent le plus fort taux d'accroissement de population (2,40 p. 100). De 230 000 en 1954, l'île compte 370 000 habitants en 1970, soit 300 au kilomètre carré. A ce rythme, il faudrait créer un emploi toutes les quatre-vingt-dix minutes, ce qui est, bien entendu, irréalisable. Les autorités préfectorales ont lancé quelques mises en garde, mais dans le même temps elles continuent de distribuer les primes à la naissance que sont les allocations familiales.

Le sucre

D'autre part, les charges sociales, ajoutées au salaire minimum garanti aligné sur celui de la métropole, font que les Antilles françaises produisent le sucre le plus cher du monde, parce que les pays concurrents octroient à leur main-d'œuvre une rémunération beaucoup moins élevée. Il s'agit là d'une constatation et non d'une critique, car il est normal qu'un Français, où qu'il se trouve, bénéficie des mêmes avantages que ses compatriotes. Il n'empêche que la culture de la canne est en constante régression. Elle a diminué de 50 p. 100 en sept ans. Sept usines de transformation sur treize ont dû de ce fait fermer leurs portes et licencier leur personnel. Les aides

Triage du café à la Guadeloupe.

du gouvernement n'ont pas permis de remonter le courant. Mais le prix de revient n'est pas seul en cause, et, en dépit du chômage, les ouvriers agricoles se font de plus en plus rares dans les « habitations » où leurs ancêtres travaillaient comme esclaves, et 40 p. 100 des terres à sucre ne voient plus pousser ces tiges vertes et drues qui en faisaient la richesse.
La banane a pris la suite. Elle représente maintenant 60 p. 100 des exportations. Cela parce que le général de Gaulle a décidé que les deux tiers de la consommation métropolitaine seraient fourni par les Antilles. Mais il n'existe guère d'autres débouchés, le prix de revient de la banane étant lui aussi trop élevé. Production fragile, à la merci de la moindre rafale de vent et à plus forte raison d'un ouragan qui, en quelques instants, anéantit les efforts de plusieurs années. Il s'en est abattu quatre en Guadeloupe en moins de six ans.

Une valeur sûre

Alors que reste-t-il pour résoudre le problème du sous-emploi? L'industrialisation, le tourisme ou l'exil en Europe, cet exil que les insulaires appellent la « traite à l'envers »?
L'industrialisation, certainement pas. Pour être viables, les entreprises doivent avoir recours à une automation très poussée. On a calculé qu'il fallait un investissement de 10 milliards pour créer seulement 1 000 emplois nouveaux. L'exiguïté du marché ne justifie pas de pareilles dépenses, d'autant plus que les matières premières qui doivent être importées sont grevées de 40 p. 100 de charges (frais de transport, assurances, etc.).
Le tourisme est une valeur sûre. C'est la seule « production » qui n'ait pas besoin du Marché commun ni d'un autre ensemble économique du même genre pour se développer. Encore faut-il savoir en tirer profit. Et si ces dernières années la Guadeloupe et la Martinique ont fait de gros efforts, elles n'en demeurent pas moins très en retard sur des îles voisines comme la Barbade et la Trinité (Trinidad), par exemple. Les prix pratiqués, alourdis par des coûts salariaux élevés, découragent, bien entendu, les métropolitains. Les Américains, quant à eux, estiment que le tarif est trop élevé pour passer simplement un séjour confortable entre les quatre murs d'un hôtel. Ils exigent des distractions, des golfs, des excursions organisées. Tout cela se fait petit à petit, mais peut-être à un rythme un peu trop lent.
En tout cas, la multiplication des hôtels, des centres de loisirs et autres accessoires du tourisme ne pourront donner suffisamment de travail aux 100 000 chômeurs de la Martinique et aux 90 000 de la Guadeloupe, soit un peu plus de la moitié de la population active des Antilles françaises. Il est vrai que, là-bas, le terme « chômeur » englobe toute personne qui n'appartient pas à l'administration ou qui n'est pas employée à temps complet. Les pêcheurs qui, chaque matin, vont en chantant d'étranges mélopées jeter leurs filets au large du Diamant ou de Saint-Pierre sont catalogués comme tels.
Reste donc l'« exil ». Chaque année, 2 500 Martiniquais et 2 000 Guadeloupéens font appel au « BUMIDOM », le Bureau pour le développement des migrations d'outre-mer, afin de trouver, en France de préférence, un poste d'« ingénieur du métro ». L'organisme recherche alors un emploi assorti d'un logement pour le demandeur, lequel n'est autorisé à partir que lorsque ces deux conditions sont réunies. Mais il y a également des départs individuels presque aussi nombreux. Si bien que c'est environ 9 000 personnes qui viennent grossir chaque année la « colonie » antillaise de France, qui dépasse aujourd'hui 200 000 âmes et dont la plupart, dit-on par euphémisme, appartiennent à la « fonction publique ».

Vente de poisson à la Martinique.

Plantation de bananes à Capesterre (Guadeloupe).

*Chargement des bananes
à Castries (Sainte-Lucie).*

*Construction de bateaux
à Bequia (Grenadines).*

LES ANTILLES ANGLAISES

S'il fallait choisir une île, le long de cet arc de cercle qui va de la Jamaïque à la Trinité, pour symboliser la présence de la Grande-Bretagne dans les Antilles, ce serait sans hésitation *Barbados*, la Barbade.

Une longue pratique de la démocratie

Plate comme un trottoir, la Barbade affleure à peine l'océan. A perte de vue ondoient les cannes à sucre ployant sous l'alizé. Et derrière la merveilleuse plage de sable blanc, tirant sur le rose, se dissimulent de nombreux hôtels de luxe. Entre le sucre et le tourisme, on aura presque fait le tour des ressources de la Barbade surpeuplée. Il y vit en effet 580 habitants au kilomètre carré, c'est une des plus fortes densités du monde. Aussi le problème est-il posé : face à des ressources limitées, comment peut subsister une population dont la croissance est, elle, illimitée?

La Barbade n'a jamais cessé d'être anglaise, et l'on y a acquis une longue pratique de la démocratie et de l'administration des affaires publiques. Les séances du Parlement sont impressionnantes. Sous de magnifiques lambris de bois sombres, les dix membres de l'opposition affrontent parfois des nuits entières — mais toujours poliment — les quatorze membres de la majorité. C'est à minuit, le 1ᵉʳ décembre 1966, que, devant le duc et la duchesse de Kent, l'Union Jack a été amené. On a vu alors monter dans la nuit tropicale la nouvelle flamme de la Barbade : deux bandes bleu marine, séparant une bande jaune frappée d'un trident. L'île était devenue indépendante.

Les Barbadiens, dont le niveau de vie reste bas avec un revenu par habitant de 1 800 F par an, sont fiers néanmoins de pouvoir se considérer comme les Antillais anglophones les plus instruits : le taux d'alphabétisation y atteint 97 p. 100. Il existe aussi une université à Bridgetown, la capitale, mais là on touche à un problème douloureux : celui de la défunte fédération des Antilles britanniques. « Seule l'université reste fédérale, avec le cricket et l'église », plaisante le recteur. C'est en 1963 que l'université des Indes-Occidentales, dont le siège est à la Jamaïque, décida, en effet, d'avoir une annexe à la Barbade. L'université avait vu le jour bien avant la fédération : elle lui a survécu, parce qu'elle a su garder son indépendance par rapport aux différents gouvernements.

Une île fiévreuse

Les insuffisances de l'industrialisation, le drame de la monoculture, les excès démographiques : voilà les trois grandes raisons de l'échec de la fédération des Antilles britanniques. Elle devait regrouper dix gouvernements, 20 000 km² et plus de 3 millions d'habitants. Mais les îles les plus grandes, la Jamaïque et la Trinité, s'aperçurent vite qu'elles devaient assumer la quasi-totalité des charges. De plus, le chômage risquait de s'étendre jusqu'à elles, puisque les habitants des îles les plus défavorisées

43

affluaient vers les métropoles, attirés par l'espoir d'y trouver plus facilement du travail. Les gouvernements réagissent parfois avec autant d'égoïsme que les individus. Refusant de payer pour les pauvres, les riches, Jamaïque en tête, abandonnèrent la fédération, qui éclata en 1962, laissant à chacun le soin de résoudre ses problèmes.

La Jamaïque ressemble plus à une île latine qu'à une île anglaise, à cause de ses violences et même de ses fureurs. On se croirait à Haïti. L'homme célèbre parmi les Noirs qu'elle a engendrés, Marcus Garvey, fut lui-même un prophète remuant, véritable grand-père du « pouvoir noir », qui existe depuis longtemps à la Jamaïque sous la forme complexe et mystique du « tafarisme ».

Il n'est donc pas étonnant que cette île fiévreuse, qui produit des bananes, du sucre, du café et du tabac — mais qui est aussi le deuxième producteur mondial de bauxite —, ait été le principal artisan de l'éclatement de la fédération. « Les gens croyaient que l'indépendance leur apporterait la prospérité immédiate », dit, un peu blasé, un leader politique de Kingston. Mais la Jamaïque, malgré son potentiel économique, connaît les éternels problèmes des Antilles : la surpopulation et le sous-emploi.

Sur la côte nord, il y a encore de très grandes plantations contrôlées par les Anglais, mais les Blancs ne représentent plus qu'une infime minorité : 1 p. 100 contre 90 p. 100 de Noirs et de mulâtres. Beaucoup de Noirs ne veulent plus travailler la terre, ils cherchent dans les villes du travail, qu'ils ne trouvent pas. La bauxite, heureusement, absorbe une grande partie de la main-d'œuvre. Exploitée par des compagnies américaines, elle représente 40 p. 100 du revenu national. Il y a enfin un revenu qu'il ne faut pas négliger : le tourisme. Près de 500 000 visiteurs par an débarquent à la Jamaïque, et 80 p. 100 d'entre eux viennent des États-Unis.

Mélanges raciaux

Dans la bonne société, à la Trinité, devenue république indépendante — avec Tobago — en 1976, beaucoup se réclament d'ancêtres arawaks : il existe un snobisme de l'origine indienne. En fait, on trouve surtout des descendants d'Espagnols, jadis maîtres de l'île, de Français — qui n'ont plus guère de liens avec la France —, de Chinois, de Portugais, de Syriens et, bien sûr, de Noirs (50 p. 100) et d'Indiens de l'Inde (40 p. 100).

Très réservés à l'égard des mélanges raciaux, conservant leur religion et leurs coutumes, ces derniers forment un groupe ethnique compact et fermé. Le grand mélange n'a pas eu lieu. Noirs et Indiens de l'Inde s'accusent réciproquement de freiner l'intégration. Les cottages, les gazons, les clubs, le cricket évoquent d'autres cieux : l'empreinte anglaise reste profonde à la Trinité, qui, délibérément, tourne le dos à l'Amérique du Sud. Alors que le pétrole représente encore 50 p. 100 de son économie, son voisin le plus proche, le Venezuela, la concurrence à des prix très inférieurs. La véritable richesse capable de faire progresser l'économie est le gaz naturel, dont les réserves actuelles dépassent 300 milliards de mètres cubes.

L'écho des graves problèmes des Antilles ne parvient que très assourdi en Europe. Mais l'anecdote parfois voyage mieux. On a encore en mémoire les récents démêlés d'Anguilla et du lion britannique.

Avec la dernière phase de l'évolution du statut des îles Sous-le-Vent, les habitants d'Anguilla se retrouvèrent, sans l'avoir vraiment voulu, sous la dépendance du gouvernement de l'île voisine, Saint Kitts. C'était déjà Saint Kitts qui les ravitaillait en eau, car il n'y en a pas une seule goutte à Anguilla. Ce double assujettissement de la nature et de la politique révolta les Anguillais, qui brûlèrent le pavillon tout neuf de Saint Kitts et hissèrent à sa place l'Union Jack. Quelques aventuriers, comme il n'en manque jamais, s'en mêlèrent, et il revint aux parachutistes britanniques de ramener à la raison les Anguillais récalcitrants.

LES ANTILLES NÉERLANDAISES

Six points noirs dans l'océan — trois îles tropicales au large du Venezuela et trois îlots plus ou moins volcaniques à 700 km au nord — forment un assemblage plutôt disparate. Ce sont les Antilles néerlandaises. Elles comprennent Aruba, Bonaire et Curaçao, qu'on appelle les « ABC », et les trois « S » : Saint-Martin (une partie seulement puisque l'autre est française), Saint-Eustache et Saba. Dans les premières, les îles Sous-le-Vent, on parle *papiamento* — ce dialecte portugais mêlé de hollandais et de français —, dans les secondes, les îles du Vent, un anglais un peu archaïque. Mais la langue officielle reste naturellement le hollandais, puisque les Antilles néerlandaises, qui se gouvernent elles-mêmes depuis 1954, font partie du royaume des Pays-Bas. Le Surinam est devenu une république indépendante en 1975.

Cargo hollandais dans le chenal de Willemstad, Curaçao.

A Curaçao, les races sont trop nombreuses pour qu'on y attache de l'importance. Mais il y a d'autres problèmes, et les frictions ne sont pas rares, au Parlement de Willemstad, entre les douze députés de l'île et les huit d'Aruba. Les îles sœurs se font la guerre à la fois sur le plan touristique et sur le plan industriel. Ainsi, la raffinerie de la Standard Oil, près de Lago, à Aruba, est l'une des plus grandes du monde; celle de la Shell, à Curaçao, la suit de près, et il est inutile de préciser que la concurrence est sévère entre les deux. Quant à leurs plages de sable, Curaçao vante les siennes, mais celles d'Aruba paraissent encore plus séduisantes aux touristes, qui affluent en telles quantités qu'il faut doubler ou tripler les services des repas dans les hôtels. Dans les trois « S », il y a moins de touristes, et les problèmes économiques sont de moindre envergure. A l'exception du tourisme, une seule et même industrie fait vivre les habitants de Saint-Martin, de Saint-Eustache et de Saba, c'est la pêche.

RÉPUBLIQUE DOMINICAINE

A l'est de l'île, territoire de la république Dominicaine, la situation n'est guère plus brillante. Mais, là aussi, les États-Unis sont vigilants. La présence de quelques centaines de « conseillers techniques » et des « compensations économiques » ont permis d'éviter le pire, du moins jusqu'à présent. Les incidents pourtant se multiplient chez ces anciens « protégés » de l'Espagne, dont ils ont hérité tout à la fois les qualités de cœur et la susceptibilité. Les opposants au régime de l'actuel président Joaquin Balaguer — ancien ministre de Rafael Trujillo — ont bien failli le faire basculer! Ils ont commencé par enlever un attaché de l'air américain, qu'ils ont finalement libéré en échange d'une vingtaine de détenus politiques. Ils ont ensuite refusé un projet de mécanisation de la culture de la canne. Mais là, l'armée et la police sont intervenues en tirant sur les manifestants, qui ont eu trois morts. Enfin, l'université a été fermée et le campus occupé par la troupe, parce que les étudiants étaient contre le renouvellement de la candidature de l'avocat Balaguer à la magistrature suprême, ou du moins demandaient que celui-ci remette ses pouvoirs au président de la cour d'État avant de solliciter les suffrages de la nation.

Le malaise dominicain a, en fait, des origines beaucoup plus profondes, qui sont surtout d'ordre social. Deux tiers des paysans, dans ce pays agricole à 90 p. 100, ne possèdent pas de terre, et plus de la moitié de la population des villes est sans travail.

Entre la république Dominicaine et son voisin, Haïti, il y a 9 millions d'âmes : 9 millions de pauvres gens qui représentent une proie facile pour les adversaires de Washington dans les Antilles, que les stratèges de la Maison-Blanche appellent le « ventre mou » de l'Amérique. Mais 9 millions de personnes auxquelles les États-Unis ne consacrent en définitive qu'un dollar par tête d'habitant et par an.

Dans une plantation de canne à sucre en république Dominicaine.

PORTO RICO

En revanche, les Américains n'ont pas ménagé leurs efforts à Porto Rico, cet État indépendant « librement associé » à Washington depuis 1952, où le revenu *per capita* atteint le chiffre, astronomique pour cette région, de 1 200 dollars par an, soit 15 fois plus qu'à Haïti. Dans ce « miroir aux alouettes » qui attire, chaque année, beaucoup d'Antillais français, hollandais et autres en quête de travail, près de 2 000 industries ont été installées au cours de ces vingt dernières années, procurant ainsi nombre d'emplois à une population de 3 millions d'habitants qui, auparavant, ne survivaient que grâce aux deux productions clés de l'île : le sucre (encore lui) et le tabac.

C'est là un résultat très appréciable, mais que compromet peu à peu une démographie galopante. Tant et si bien que les États-Unis ont dû ouvrir progressivement leurs portes aux Portoricains. Ils sont aujourd'hui un million d'émigrés, d'émigrés mécontents, cela va sans dire, et qui compliquent singulièrement le douloureux problème noir en Amérique du Nord.

En dépit de manifestations sporadiques et même d'attentats à New York, notamment en faveur d'une indépendance complète que souhaite une minorité, il n'y a guère de divergences politiques entre Porto Rico et la puissance protectrice. Le référendum de 1967 pour la confirmation du statut de 1952 a donné 62 p. 100 de « oui » contre seulement 3 p. 100 de « non »; 35 p. 100 de la population a même voté pour une intégration encore plus poussée avec les États-Unis.

La famille Duvalier (J.-C. Duvalier au centre) à la cathédrale de Port-au-Prince.

HAÏTI

Les « tontons macoutes », le vaudou, le racisme et l'aide américaine étaient les quatre piliers sur lesquels reposait le régime de François Duvalier, ce médecin de campagne qui régnait depuis 1957 sur Haïti et qui, à force de ruse, de persévérance et aussi de répressions, s'était fait élire président de la République à vie en 1964.

Mais, le 22 avril 1971, François Duvalier est mort des suites d'une longue maladie. Le calme régnait à Port-au-Prince, et Jean-Claude Duvalier, nommé président à vie, prit aussitôt ses fonctions. Dans le nouveau gouvernement se retrouvèrent d'ailleurs la plupart des personnalités de l'ancien gouvernement. « Papa Doc » n'avait rien laissé au hasard, et trois mois plus tôt il avait désigné son fils Jean-Claude, âgé de dix-neuf ans, pour lui succéder. La continuité du système semblait assurée : « Hier Duvalier, aujourd'hui Duvalier, demain Duvalier », selon la formule du président de l'Assemblée nationale.

François Duvalier voulait être roi. Mais les États-Unis, qui ont toujours éprouvé une certaine défiance à l'égard des monarchies, n'osèrent sans doute jamais parrainer une couronne dont l'hérédité eut été pour le moins contestable. On permit néanmoins à celui qui en avait été spolié d'exercer les pouvoirs quasi absolus que lui avait donnés un peuple « indépendant et libre ».

La politique de « Papa Doc »

« Papa Doc » ne s'en priva guère et, comme tant de ses prédécesseurs, il imposa sa loi à près de 5 millions d'Haïtiens qui, ainsi que le constatait avec mélancolie un diplomate étranger, « ont acquis une endurance à la misère proprement illimitée ». Si les États-Unis purent tolérer un tel régime à quelques centaines de milles de leurs côtes, c'est justement parce qu'Haïti n'était pas loin de leurs rivages. Sans l'admettre ouvertement, ils l'appuyèrent à la fois financièrement et politiquement par l'intermédiaire de l'Organisation des États américains.

Le prix de cette tranquillité n'était pas si élevé : 5 millions de dollars par an pour Haïti, sous forme de « subventions à la production et à l'équipement ». À qui profitaient ces subsides ? Les Haïtiens n'en eurent jamais une idée très précise, mais ils savaient, en revanche, qu'ils détenaient le privilège d'être les moins fortunés des Antillais avec un revenu annuel ne dépassant pas 80 dollars par tête d'habitant. Encore ce revenu était-il amputé de quelques servitudes : un quart pour le sorcier vaudou, maître de la santé et de la prospérité; un quart pour le maire du village; un quart pour la police, le dernier quart servant à faire vivre le ménage.

C'est peut-être parce qu'on continue à parler le français à Haïti — ou le créole qui en est dérivé —, que subsiste dans le pays un certain esprit frondeur, mais qui se borne généralement aux bons mots. C'est ainsi que les 20 000 policiers de François Duvalier furent plaisamment appelés par la population les « tontons macoutes », c'est-à-dire les « pères fouettards », mais des pères fouettards qui faisaient sans aucun doute plus peur aux parents qu'aux enfants.

Arborant des lunettes à grosse monture pour complaire à leur chef, ces miliciens étaient tout-puissants. Et il n'y a guère de famille qui n'ait eu à pâtir de leur intervention, même dans la bourgeoisie, formée essentiellement par les mulâtres, qui représentent à peine 10 p. 100 des habitants.

Car M. Duvalier était le président noir de la république la plus noire d'Amérique. Un record dont il n'était nullement responsable. Il conservait cependant l'exclusivité de l'exploitation du vaudou dans cette région du monde, cet étrange rite païen importé, lui aussi, d'Afrique, et agrémenté d'apports extérieurs empruntés pour la plupart à la religion catholique. Son culte attira les touristes, avides de sensationnel, et il permit à l'ancien président de lutter parfois contre les prélats catholiques que sa politique indisposait.

Depuis la disparition de son père, Jean-Claude Duvalier semble avoir amorcé une politique d'ouverture. Il a amnistié les exilés politiques et les a invités à rentrer. Et, soucieux de maintenir son autorité sur la milice des « tontons macoutes », il n'a pas hésité à limoger certains de ses chefs. Du fait de sa stabilité apparente, le régime a reçu la caution de Washington. Mais des incertitudes politiques demeurent et l'on s'est demandé à plusieurs reprises si Marie-Denise Duvalier, sœur aînée du nouveau président, ne jouait pas un rôle important dans la coulisse.

CUBA

Huit janvier 1959. Plus d'une décennie déjà. Ce jour-là, dans une atmosphère de liesse incroyable, Fidel Castro fait son entrée à La Havane, monté sur un étique roussin, à la tête de 3 000 *barbudos* crottés, dépenaillés, épuisés mais grisés de victoire, auxquels se sont joints, d'étape en étape, des cohortes de paysans brandissant leur *machetes*, hurlant leur joie, acclamant la *Revolución*, la vraie, la leur, celle que leur a promis et que leur offre aujourd'hui, après deux ans de lutte héroïque dans la Sierra Maestra, un jeune avocat de famille bourgeoise qui vient d'avoir trente-deux ans, et dont la marche irrésistible de Santiago de Cuba jusqu'à la capitale a contraint à une fuite précipitée le président-dictateur Fulgencio Batista.

Une longue aventure

Cette marche triomphale, qui s'achève en apothéose dans la métropole caraïbe du jeu, de la prostitution et des night-clubs les plus extravagants, n'a duré que quelques jours. Le 2 janvier, Santiago est tombée. Le 3, le camp militaire de Colombia, bastion du régime, a été investi par la colonne Cienfuegos, et déjà un gouvernement provisoire s'est installé sous la présidence de Manuel Urrutia. Les événements se sont précipités à une cadence inespérée dans cette première semaine de l'année. Mais pour Fidel et ses premiers compagnons, c'est bien l'aboutissement d'une longue et incertaine aventure commencée le 26 juillet 1953 avec l'épisode dramatique de l'attaque de la caserne Moncada à Santiago, ruminée en prison, préparée dans l'exil mexicain, reprise enfin le 2 décembre 1956 sur la côte cubaine, où un vieux rafiot, le *Granma*, abandonne la poignée de conjurés qui ont fait le serment de libérer leur pays de l'oppression.

« Victoria o muerte! » C'était alors, qu'on y songe, une impensable gageure. Des 82 hommes embarqués au Mexique, 15 seulement se retrouvent autour de Castro dans la Sierra Maestra. Tous les autres ont été tués dans les quelques heures qui ont suivi le débarquement. Mais la foi de Fidel est inébranlable. « Les jours de la dictature sont désormais comptés... », déclare-t-il tranquillement à son frère Raúl.

Ce n'est pas encore pour tout de suite. Mais, deux ans plus tard, l'idéal qui animait ce commando dérisoire de *guerilleros* est devenu celui de toute la jeunesse cubaine. Les paysans, méfiants au début de l'aventure, ont reconnu dans le programme de Fidel celui-là même qu'il avait eu l'insolence d'exposer devant ses juges après l'échec de la Moncada et qui allait passer à la célébrité sous le titre : « L'Histoire m'acquittera » — l'essentiel de leurs aspirations profondes à une véritable dignité nationale. Sans cet appui populaire, sans aussi les excès scandaleux du régime de Batista, la répression féroce à laquelle il avait attaché son nom, la sympathie internationale enfin qui accompagnait l'entreprise de Castro, la victoire n'était pas possible.

Les années difficiles

Lorsque ce dernier entre à La Havane, entouré de ses pairs, les *commandantes* historiques, il n'est pas seulement l'homme de ses idées, il est l'enfant du miracle, le *libertador*, le *caudillo*, le héros d'une geste prestigieuse que sa personnalité de tribun, son ascendant sur les foules sauront confirmer et entretenir tout au long des années difficiles.

Ces années difficiles, elles commenceront presque immédiatement. Toute l'histoire des débuts de la révolution castriste est celle d'une fuite en avant, conséquence des inévitables contra-

Étudiantes aux champs.

Planteur de tabac.

Ces jeunes garçons à l'allure militaire sortent d'une école de ballet...

dictions qui vont surgir entre un pays latino-américain réellement décidé à faire sa révolution économique et politique, et la formidable puissance tutélaire des États-Unis qui croit encore avoir dans cette partie du monde tous les atouts en main, et n'a pas encore appris à faire la « part des choses », à dissocier notamment ses intérêts économiques de ses intérêts politiques à long terme. Dès le 27 janvier 1959, Ernesto « Che » Guevara, l'*alter ego* de Fidel, a réclamé une « réforme agraire totale », qui atteint directement les grandes compagnies sucrières américaines qui dominent l'économie de l'île. Elles seront expropriées le 19 mai. Il n'a pas fallu d'ailleurs attendre cette mesure pour que l'image de marque de la révolution cubaine change radicalement aux États-Unis et dans le monde occidental. Une énorme propagande a déjà monté en épingle les grands procès de La Havane. Trois cents « criminels de guerre » ont été, il est vrai, passés par les armes. Comparés aux victimes de la dictature batistienne, ces chiffres ne sont pourtant pas si éloquents. Les exécutions ont d'ailleurs été imposées, en grande partie, par la pression populaire.

Les voyages de Fidel Castro à New York, avec leurs incidences sur le problème racial américain, n'arrangeront rien. En février 1960, un accord commercial est signé entre La Havane et Moscou pour la fourniture de pétrole en échange de la prise en charge par l'U.R.S.S. d'un contingent de 5 millions de tonnes de sucre cubain. Le 1er juillet de la même année, les autorités révolutionnaires saisissent les installations de raffinage de la Standard Oil, de la Shell et de la Texaco. Le 7 août, enfin, la plupart des entreprises américaines sont nationalisées et expropriées. Trois mois plus tard, c'est l'embargo américain sur toutes les exportations à destination de Cuba. Le 3 janvier 1961, ce sera la rupture des relations diplomatiques.

République démocratique socialiste

Deux mois plus tôt, le président Kennedy avait d'ailleurs déclaré que les États-Unis « devraient aider au renversement de Fidel Castro ». Le 16 avril, la menace se concrétise; 1 500 exilés cubains, entraînés au Guatemala et appuyés par la marine américaine, se font décimer à Playa Giron, dans la baie des Cochons, par les milices révolutionnaires. Le point de non-retour est définitivement atteint. Castro, quinze jours après l'invasion, proclame Cuba « République démocratique socialiste ». Le 1er décembre 1961, il affirme solennellement son adhésion à la doctrine marxiste-léniniste.

L'année 1962 confirme l'inexorable évolution. Cuba est exclue de l'« Organisation des États américains », au moment où celle-ci met sur pied l'« Alliance pour le progrès ». En octobre, l'affaire des fusées nucléaires soviétiques et l'énergique réaction de Washington donnent au monde entier le sentiment que Cuba est devenue un des quelques foyers autour desquels la rivalité des deux grandes puissances peut dégénérer en conflit planétaire.

La suite des événements montrera aussi que Cuba n'est finalement qu'un pion sur le vaste échiquier diplomatique que se disputent Washington et Moscou. Amère mais salutaire constatation. Les petits pays ne sont que l'instrument d'un jeu qui les dépasse. Mais, de toute manière, Cuba n'a pas davantage qu'en 1958 la possibilité de se passer d'un tuteur. C'est maintenant de l'U.R.S.S. qu'elle dépend pour écouler son sucre et se ravitailler en pétrole. Il s'agit seulement d'obtenir de Moscou les meilleures conditions de survie. L'indépendance politique, farouchement affirmée, trouve ses limites dans cette évidente dépendance.

Au cours des années suivantes, la stratégie castriste s'emploiera néanmoins à contredire autant qu'elle le peut la politique de « coexistence pacifique » élaborée par les deux Grands. En octobre 1965, le nouveau parti communiste cubain, repris en main par les « historiques » de la révolution, confirme son indépendance et sa volonté révolutionnaire. Mais « Che » Guevara, conscient sans aucun doute des contradictions qui s'accumulent dans le pays, a déjà décidé de suivre seul — sans plus gêner personne — son rêve de libération générale de l'Amérique latine.

Bataille contre la pénurie

Fidel, lui, est bien obligé de jouer sur les deux tableaux, entretenant sur le continent américain la dynamique révolutionnaire tout en composant avec Moscou. 1966 et 1967 verront à La Havane se multiplier les conférences de solidarité avec le tiers monde engagé dans la lutte anti-impérialiste. Les partis communistes hostiles à la guérilla sont vigoureusement dénoncés. La fin tragique de « Che » Guevara, le 8 octobre 1967, en Bolivie, bientôt suivie par le procès d'Annibal Escalante, chef de la « microfraction » pro-soviétique au sein du parti communiste cubain, ouvre une nouvelle période de refroidissement dans les relations entre La Havane et Moscou. « Nous devons, déclare Castro au seuil de l'année 1968, nous habituer à l'idée que nous allons combattre seuls... »

Mais partout, sur le continent, les guérillas se sont soldées par des échecs. Les thèses développées par Guevara et par Régis Debray, qui prenaient appui sur le succès de l'expérience castriste dans la Sierra Maestra, ont été contredites par la réalité. L'Histoire ne se répète pas si facilement. Il faut repenser une nouvelle stratégie révolutionnaire. Dans la pratique, cela s'est traduit à Cuba par une sorte de pause, un repliement sur les problèmes intérieurs du pays. La dynamique révolutionnaire s'efface, au moins provisoirement, devant les impératifs plus prosaïques : il s'agit avant tout de gagner la bataille économique sur le plan national.

C'est un difficile combat, à dire vrai, où depuis des années beaucoup d'énergie, beaucoup de travail ont été dépensés dans les conditions éprouvantes d'un blocus impitoyable, où beaucoup d'erreurs aussi ont été commises, par excès d'enthousiasme souvent et manque d'appréciation réaliste des problèmes. La construction d'un socialisme qui se veut sans modèle, la priorité donnée à la promotion d'un « homme nouveau » au mépris parfois de lois économiques élémentaires, la trop ferme conviction de Castro que « la bataille contre la pénurie peut être conduite par les mêmes méthodes que la guerre révolutionnaire » (Pr Henri Denis) : tout cela concourt à faire de Cuba aujourd'hui un curieux réceptacle de réalisations remarquables et de chances inutilement gâchées.

L'éducation et la santé

Succès incontestables : l'éducation et la santé. Alors qu'à la veille de la révolution 45 p. 100 des paysans ne savaient encore ni lire ni écrire, le taux d'analphabétisme est aujourd'hui descendu à moins de 4 p. 100 pour la population globale du pays. C'est le résultat d'une gigantesque campagne dans laquelle les étudiants cubains, dès 1961, se sont jetés corps et âme, parcourant les campagnes avec un matériel de fortune, transformant les forteresses de la répression batistienne — la « Moncada » à Santiago, « Columbia » à La Havane — en immenses centres d'enseignement primaire accéléré. Qualitativement, les résultats demeurent évidemment médiocres, tout comme demeure assez médiocre le niveau des études dans les universités, mais il est de fait qu'aucun autre pays latino-américain n'a fait autant, et en si peu d'années, pour l'éducation populaire de base.

Le budget de la Santé a, pour sa part, augmenté pendant la décennie de 620 p. 100... Le régime consacre chaque année 100 F par habitant à ce chapitre encore très négligé dans la plupart des autres États latino-américains. On compte aujourd'hui un médecin à Cuba pour 1 000 habitants. Hôpitaux et dispensaires quadrillent désormais efficacement l'ensemble du pays. L'effort consenti dans ce domaine représente de quatre à dix fois celui qui a été réalisé dans les républiques continentales fidèles à l'Alliance pour le progrès. C'est donc assez dire l'ampleur et le mérite de l'investissement humain auquel s'est attaché le socialisme cubain. La transformation de la condition de vie paysanne doit être, elle aussi, portée à l'actif du régime. Des réseaux efficaces de distribution alimentaire ont été créés. Fidel lui-même est un homme de la terre. Fils de propriétaires fonciers, il raisonne et agit comme tel. Sa vraie passion, c'est l'intérieur cubain, les hommes, les champs, les bêtes. La Havane n'est plus, depuis longtemps, la vitrine de l'île. Le progrès réel du pays, les vraies conquêtes du régime, c'est en province qu'il faut les chercher et dans les grands plans de mise en valeur agricole que sont San Andrés, Gran Tierra au flanc de la Sierra Maestra, l'île des Pins que la jeunesse citadine a prise en charge et qu'elle veut transformer en nouvelle Floride.

Un lourd handicap

Ce « retour à la terre » est d'autant plus prononcé depuis quelques années que les premiers pas de la révolution castriste, sous l'impulsion de « Che » Guevara, avaient mis l'accent sur une campagne d'industrialisation prématurée qui devait se révéler un demi-échec.

Cuba manque totalement de moyens énergétiques. Le pays dépend entièrement, dans ce domaine, des importations de « fuel » soviétique ou roumain. Que cesse la noria des tankers russes qui alimentent les ports cubains et c'est toute l'économie de l'île qui se trouve paralysée. Avec un tel handicap, aggravé par le manque de cadres qualifiés et la médiocre technologie empruntée aux pays de l'Est, il était bien difficile de faire des miracles. La production d'électricité a certes augmenté de 70 p. 100, celle d'acier de près de 250 p. 100, celle de nickel de 100 p. 100 selon les chiffres officiels; la flotte marchande, celle de la pêche ont bien pu voir leur tonnage tripler et quintu-

La foule cubaine applaudit Fidel Castro.

Cuba. Repos sur l'herbe, à La Havane, devant un panneau mural en faveur du Viêt-nam.

pler, il est néanmoins évident que Cuba continue, comme par le passé, à dépendre, pour l'immense majorité de ses biens de consommation et de ses outils de production, de la bonne volonté des pays industrialisés avec qui elle maintient des liens économiques de type semi-colonial. Or, les pays socialistes — Castro en a fait l'amère expérience — ne font pas de cadeaux. Combien d'usines tchèques, polonaises, hongroises livrées clés en main et qui n'ont jamais réussi à fonctionner! La France, l'Angleterre, l'Espagne ont depuis lors pris le relais dans de nombreux secteurs. L'Occident capitaliste fait aussi des affaires, mais souvent plus honnêtes...

Le sucre

La même frustrante expérience devait être faite dans le domaine agricole. Pour la jeune révolution cubaine, il s'agissait avant tout d'en finir avec la monoculture sucrière, symbole d'exploitation impérialiste. La réforme agraire cubaine a eu la sagesse de ne pas morceler les domaines et de s'orienter, conformément à la philosophie du régime, vers des coopératives ou de grandes fermes d'État. Mais le souci de réagir contre le passé a aussi poussé à une diversification systématique et mal planifiée des cultures. Le résultat fut que l'on négligea dangereusement la production sucrière, sur laquelle reposait et repose encore toute la capacité d'échanges commerciaux du pays.
En 1963, l'île ne produisait plus que 3 800 000 tonnes de sucre, contre 6 millions de tonnes avant la révolution. On a peu à peu remonté la pente et retrouvé en 1967 le niveau des années « batistiennes », celles, certes, du sous-emploi chronique, des 600 000 chômeurs agricoles dès la *zafra* (récolte) terminée; mais celles aussi des *macheteros* professionnels à misérable salaire mais à rendement infiniment plus productif que les amateurs enthousiastes et inexpérimentés lancés par Castro sur les *canaverales* (champs de canne à sucre) au nom du nationalisme militant et de la conscience socialiste. Le grand thème des discours de Fidel est à présent l'objectif « 10 millions de tonnes ». Le développement cubain, aujourd'hui comme hier, dans l'environnement socialiste comme naguère dans celui de l'Amérique capitaliste, passe toujours essentiellement par le goulet d'étranglement d'une seule monnaie d'échange. La dépendance à l'égard des pays industrialisés, qu'ils soient de l'Est ou de l'Ouest, paraît inexorable. Cela aussi est une amère constatation.

Ci-dessus : *ouvriers agricoles dans une ferme coopérative.*

Une révolution passionnante

Néanmoins, il n'y a pas de fatalité absolue. Les erreurs de parcours ont été nombreuses. Un peu plus d'humilité au départ les eussent sans doute évitées. « Il serait triste, note sévèrement René Dumont, de voir l'orgueil d'un homme contribuer à compromettre le succès économique d'une révolution aussi passionnante. »

Un des grands torts de Fidel Castro réside sans doute dans le peu de cas qu'il fait des expériences déjà vécues. Sa vision peut paraître romantique. Le régime qu'il a établi à Cuba reste, par bien des côtés, un régime d'exception, justifié par une situation exceptionnelle, soutenu de l'intérieur par une tension nationale, une foi révolutionnaire qui peut-être s'useront. Il restera néanmoins cet énorme effort d'investissement économique et humain qui, selon Michel Gutelman, fait sans aucun doute de l'agriculture cubaine la plus moderne de l'Amérique latine. Et cet appel d'indépendance farouche, de dignité combattante qui demeure, en dépit des vicissitudes et des médiocrités conjoncturelles, la fierté de Cuba.

Ci-contre : *le chef de l'État cubain fait de la publicité pour les havanes.*

Les grandes étapes

La boucle de feu qu'en cinquante ans — de 1492 au milieu du XVIe siècle — les caravelles espagnoles ont inscrite sur la carte du continent américain est née dans les ports andalous. Après avoir cheminé vers l'ouest, à travers la « mer des Ténèbres », elle a atteint la mer des Antilles, la « Méditerranée américaine ». Elle s'est enroulée autour de l'archipel tropical, parcouru d'orages et de cyclones dramatiques, mais embaumant le poivre et la cannelle. Voici quelques grandes étapes dans le divin chapelet des « isles », foisonnant de cannes à sucre et de bananiers!

Les Bahamas

Après leur découverte par Christophe Colomb, les îles Bahamas furent négligées par les Espagnols, car elles ne pouvaient leur procurer ni or, ni épices, ni pierres précieuses. Pendant un siècle, le paradis décrit par Colomb aux Rois Catholiques resta désert.

Devant l'indifférence des Espagnols, les Anglais, en 1649, affirment leurs prétentions sur l'archipel en y nommant un procureur général. En fait, les Bahamas intéressent surtout les pirates et les corsaires qui, au XVIIe siècle, hantent leurs petites criques cachées et leurs chenaux secrets.

Quartier général des boucaniers

La Nouvelle-Providence présente une situation idéale au cœur de l'archipel. Sous le nom de Charles-Town, la future Nassau, bien protégée par son île du Cochon (appelée maintenant l'île du Paradis) qui en fait un port à double issue, devient le quartier général des boucaniers dont Henry Jennings est le chef. Ils ravitaillent en viande séchée les bateaux des flibustiers et des pirates qui feront de Charles-Town leur port d'attache pour aller écumer les côtes de la Virginie et de la Caroline.

Les Bahamas appartiennent alors à trois lords-propriétaires, qui, pour tenter de mettre un peu d'ordre dans leurs domaines, élisent en 1671 un

La reine Élisabeth dans une calèche de Nassau.

Enfants de chœur à la sortie d'une église de Nassau.

Sur un banc, à Nassau.

envoyer une escadre et un gouverneur royal, qui remplacera le gouverneur élu. Le capitaine Woodes Rogers commence par pendre neuf pirates, dont les corps se balancent sur le front de mer. L'exemple, suivi d'une épuration systématique des îles, débarrasse définitivement la colonie de ses encombrants occupants. Et sur les armoiries de Nassau, on peut lire : « Expulsis Pirati Restitua Commercia. »

Une situation privilégiée

Le fort Montagu, construit en 1742, vient renforcer le système de défense de la ville à l'est, complété bientôt par le fort Charlotte à l'ouest. Les deux entrées du port sont ainsi protégées. Mais, en 1776, le fort Montagu n'empêche pas une escadre d'« insurgents » américains, commandés par le commodore Hopkins, de s'emparer de l'arsenal, sans rencontrer de résistance. Après l'avoir vidé de ses armes et de ses munitions, ils repartent sans causer de dommages. Les armes saisies seront d'une grande utilité aux habitants de Boston dans leur lutte contre la métropole. Et, par un étrange retour, de nombreux loyalistes chassés de Boston viendront s'installer aux Bahamas.

Nassau va connaître de nouvelles vicissitudes avec le droit de vote donné, en 1830, aux Noirs libres et la libération gouverneur, John Wentworth. Son autorité n'empêche pas Charles-Town de demeurer le repaire favori de tous ceux qui préfèrent s'enrichir en capturant les galions espagnols plutôt qu'en cultivant le sol. L'un d'eux, « Barbe-Noire », s'illustrera en ravageant systématiquement les côtes de la Virginie et de la Caroline du Nord, jusqu'au jour où ses victimes excédées réussissent à lui tendre une embuscade mortelle. On peut encore voir à Nassau une vieille tour qui porte son nom. Elle servit sans doute de poste de vigie à la sentinelle qui surveillait le large, tandis que Barbe-Noire et ses compagnons festoyaient au retour d'une expédition fructueuse. La mort de Barbe-Noire n'apporta pas le calme au port. C'est en vain que les lords-propriétaires construisirent un fort et changèrent le nom de la ville, qui, en 1695, cessait d'être Charles-Town pour devenir Nassau, en l'honneur de Guillaume III, prince d'Orange-Nassau. Nassau est toujours hantée par les pirates et leurs compagnons, qui, prompts à jouer du pistolet et du couteau, rendent la vie impossible aux paisibles colons désireux de s'y établir. L'Angleterre se résout, en 1717, à

Un îlot au large de Nassau.

des esclaves, en 1833. Plus de main-d'œuvre pour les plantations! Les anciens esclaves préfèrent vivre des produits de la mer. La pêche du poisson et des éponges suffit à leur subsistance. Les planteurs voient leurs fortunes s'effondrer et leurs belles résidences tombent peu à peu en ruine. Nassau devient une cité coloniale endormie.
C'est la guerre de Sécession qui la tire providentiellement de son sommeil. Comme au temps des flibustiers, sa situation privilégiée en fera la base de ravitaillement des « briseurs de blocus ». Nassau connaît alors une période de grande prospérité. Les marchandises qui y sont échangées par l'un et l'autre camp atteignent des prix exorbitants. Le Sud y vend son coton, le Nord y envoie sucre, thé et médicaments. Le port fourmille de marins qui dépensent sans compter. Les commerçants et les cabaretiers s'enrichissent. Bay Street est incroyablement animée. Mais une tornade d'une violence inouïe fait, en 1866, de terribles ravages dans la ville, qui devra attendre 1919 et la prohibition américaine sur les alcools pour connaître un nouveau « boom ». Aux Bahamas, la vente est libre. Les trafiquants utilisent des vedettes rapides qui, de nuit, transportent le rhum et les alcools dans des criques cachées de la côte américaine. L'argent vite gagné est aussi vite dépensé; la richesse et l'animation reviennent. La fin de la prohibition, en 1933, met un terme à ce fructueux trafic. Mais les bateaux et les hydravions commencent à déverser un flot de visiteurs venus des États-Unis, du Canada et d'Angleterre. La douceur du climat et l'attrait de la pêche attirent les touristes. Une nouvelle industrie est en train de naître : Nassau se transforme.

Cuba

Soirée à Santiago de Cuba.

Les remparts du vieux fort de la Fuerza.

Après avoir séjourné sept ans à Saint-Domingue, Fernand Cortez avait suivi Vélasquez, nommé gouverneur à Cuba. Il avait alors près de trente ans et il était devenu le favori de Vélasquez, lui servant à la fois de secrétaire et de trésorier.

Le mariage de Cortez

Il a reçu des terres, ses plantations prospèrent. Il met de l'argent de côté en attendant que le moment soit favorable pour les grands projets qu'il médite. Pour dissiper son ennui, il se lance dans une aventure amoureuse qui va troubler quelque peu ses rapports avec le gouverneur et sera à l'origine de la guerre sourde qui, entre eux, ne se dénouera qu'avec la mort de l'un et de l'autre.

Un Grenadin de bonne famille, mais de peu de fortune, était venu vivre à Santiago de Cuba avec ses quatre sœurs. Il ne put cacher longtemps à la foule de jeunes aventuriers qui avaient suivi Vélasquez la rare beauté des jeunes filles dont il avait la garde. Le beau Cortez déclare sa flamme à l'une d'elles, Catalina. Elle se laisse volontiers convaincre. Mais une fois remportée la victoire, Cortez tarde à la consacrer officiellement. Le frère prend peur et s'indigne. Il va trouver le gouverneur. Vélasquez prend fait et cause pour la victime avec d'autant plus d'énergie que, de son côté, il courtise l'une de ses sœurs. Il apprend, en même temps, que Cortez, son favori, conspire contre lui et vise même à prendre sa place! Notre séducteur est arrêté, jeté en prison; il s'enfuit, est repris, s'évade à la nage du bateau qui le conduit à Hispaniola et trouve refuge dans la propre maison de Catalina. L'aventure s'achève comme au théâtre! Le mariage de Cortez avec la belle Catalina a lieu quelque temps après, Vélasquez pardonne, l'honneur du frère reste sauf. Hélas! la pauvre Catalina devait périr tragiquement, un peu plus tard, à Mexico, étranglée dans son lit.

Le départ de la flotte

Diego Vélasquez a commencé par créer, en 1512, Asuncion de la Barracoa, à l'extrémité orientale de Cuba, à l'endroit même où il a débarqué venant d'Hispaniola. Et c'est de là qu'il envoie Panfilo Narvaez et Las Casas explorer l'île et y installer des villes : en 1514, Santiago de Cuba, San Salvador del Bayamo et Santa Maria del Principe. Enfin, le 25 juillet 1515, Narvaez fonde San Cristobal de la Habana, à l'ouest de l'île.

Pedro de Barba, premier gouverneur connu de La Havane, en est responsable quand, en 1518, Cortez, révolté contre Vélasquez, vient y compléter l'armement de sa flotte avant de partir explorer la côte du Mexique. Vélasquez, furieux de la fuite de son adjoint, a envoyé missives et émissaires à La Havane, enjoignant aux autorités de l'arrêter, mais Pedro de Barba feint de ne rien savoir. Dès les premiers jours de février 1519, tout est prêt. De nombreuses recrues se sont jointes à l'armée, qui embarque sur onze navires. Cortez a raflé ce que la ville possédait de mieux en soldats et en techniciens. C'est une flotte conquérante qui s'éloigne de La Havane, saluée par une foule animée, et qui fait voile vers l'empire inconnu.

Une situation exceptionnelle

Dès 1538, un flibustier français, plus hardi que les autres, va se risquer à attaquer la ville, alors gouvernée par Juan de Rojas. Il la prend par surprise, la pille et l'incendie, livrant aux flammes les précieuses archives qui relataient sa fondation. Fernand de Soto, successeur de Rojas, ordonne de reconstruire sans délai La Havane. L'architecte Mateo Aceituno y édifie un fort, à l'est de la baie, près de la colline de la Cabana, et qui reçoit le nom de la Real Fuerza. C'est derrière les créneaux blancs de la Fuerza qu'Isabel de Soto attendra vainement le retour de son époux, parti à la découverte de la Floride et du Mississippi. Terrassé par les fièvres, il y meurt, en pleine course, à l'âge de quarante-deux ans, et ses compagnons l'immergent au plus profond des eaux du « Vieux Meschacébé ». Inconsolable, Isabel se laissera mourir de douleur dans la forteresse, face à la mer.

La Havane avait une situation stratégique exceptionnelle. Le chroniqueur José Martin de Arrate a pu écrire, au XVIIIe siècle, qu'elle était la « clé du Nouveau Monde et le rempart des Indes occidentales ». Elle devait très vite devenir la halte indispensable pour les navires venant du Mexique et se rendant en Europe — ou en revenant. La douceur du climat permettait aux équipages et aux passagers de se remettre des fatigues de la traversée. On y faisait des provisions d'eau douce, on y échangeait des marchandises.

Un fort qui coûte une fortune

Mais les flibustiers français et anglais sont aux aguets. Très tôt, ils attaquent dans ces parages avec une audace incroyable les convois chargés des richesses des Indes. En 1555, le huguenot rochelais Jacques de Sore et le Normand François le Clerc, dit *Jambe de Bois*, s'emparent de La Havane par

Immeubles modernes du centre de La Havane.

La Havane. Place du Capitole.

surprise, brûlent les églises, raflent un butin énorme. Les Espagnols sont exaspérés, Philippe II charge Pedro Menendez de fortifier ses possessions des Indes occidentales. Il construit des fortifications, organise des convois protégés et met sur pied un système de garde-côtes et de croisières de surveillance. Enfin, l'ingénieur Juan Bautista Antonelli est chargé de renforcer la défense de La Havane par une forteresse inexpugnable qui fera face à celle de la Fuerza.

La construction du Castillo del Morro est achevée en 1589. Situé à l'entrée de la baie, à plus de trente mètres au-dessus de la mer, qui, parfois, vient battre furieusement à ses pieds, sa masse rose et grise salue toujours les bateaux qui entrent dans la rade. Le fort coûta, dit-on, une fortune. Lorsque le roi d'Espagne en connut le prix, il alla à une fenêtre de l'Escorial et s'écria : « A ce prix-là, je devrais l'apercevoir d'ici ! »

Les forts de la Punta et de San Lazaro viennent compléter ce système de défense, à la grande satisfaction des habitants de La Havane. Les richesses en provenance du Mexique et du Pérou sont déposées en sûreté dans la Fuerza, en attendant d'être acheminées, sous bonne escorte, vers l'Espagne.

L'entrée de la baie est assez étroite, bien défendue par ses deux forts, mais le port peut contenir 1 000 embarcations. Par un système de sonneries de cloches, la Fuerza et le Castillo del Morro communiquent entre eux. La première annonce à son vis-à-vis le nombre et la nationalité des bateaux qui se montrent à l'horizon. La porte du Castillo, faisant face à la ville, sert de tableau d'affichage pour la population. On y épingle sur une grande draperie autant de drapeaux qu'il y a de voiles en vue, leur couleur changeant selon la nationalité. Chacun a ainsi le temps de se préparer à accueillir les arrivants, bien ou mal suivant les cas !

La capitale de Cuba

Bien protégée, La Havane devient la résidence favorite des riches colons, qui s'y font construire des palais de bois aux tons pastel, le long de l'Alameda de Paula. A l'ombre des palmiers de la place d'Armes, les belles Espagnoles jouent de l'éventail en se promenant au bras des hidalgos. Elles iront ensuite choisir des étoffes précieuses et des bijoux dans la rue des Mercaderes, où les boutiques offrent tous les objets et vêtements à la dernière mode de Madrid. Des esclaves noirs, importés d'Afrique, travaillent aux plantations de sucre et de tabac et élèvent le bétail. Cependant, la mort de Menendez vient désorganiser ce beau système de défense. Les corsaires anglais, Drake à leur tête, se lancent à leur tour dans la guerre de course : ils n'hésitent pas à pratiquer des descentes à terre fructueuses. Le début du XVIIe siècle apporte enfin le calme. La Havane, débarrassée de la hantise des corsaires, enlève à Santiago, sa rivale, le titre envié de capitale de Cuba.

Ci-contre : *Fidel Castro devant la statue de José Martí.*
Ci-dessous : *le front de mer de La Havane.*

La Jamaïque

L'uniforme traditionnel des policiers du port de Kingston.

Cristobal Arnaldo de Isasi était gouverneur de la Jamaïque en 1655 quand les Anglais, à l'instigation de Cromwell, résolurent de s'en emparer. Pendant quatre ans, les Espagnols luttèrent contre les envahisseurs, mais, après une bataille désespérée à Rio Nuevo, don Cristobal dut capituler.

Sous la domination anglaise, la Jamaïque devient alors le plus grand marché d'esclaves des Antilles, et la rade de Port-Royal le repaire des corsaires anglais. C'est dans cette baie naturelle, à l'extrémité de la péninsule de Palisadoes, qu'ils abritaient leurs prises et leurs vaisseaux, après leurs descentes fructueuses dans les ports espagnols ou l'attaque des convois de galions. Le Conseil de gouvernement, installé par les nouveaux maîtres de l'île, n'apportait nulle entrave aux activités des écumeurs de mer. Bien au contraire, il les encourageait en leur remettant des « lettres de courses ». Inutile de dire que la vie à Port-Royal ne manquait pas d'animation. Le port devint très rapidement l'un des plus prospères des Antilles. Les riches prises, facilement gagnées, facilement dépensées, apportaient la richesse à sa population bigarrée, et surtout à toute une armée de marchands qui revendaient en Europe, avec un bénéfice énorme, le butin des flibustiers.

Le mariage de Morgan

Le maître de ces aventuriers fut sans conteste le Gallois Henry Morgan. Venu jeune d'Angleterre pour chercher fortune aux îles, il avait été formé pendant cinq ans à l'école des flibustiers de l'île de la Tortue, puis, passé maître dans son art, il avait fait de Port-Royal de la Jamaïque son port d'attache. Son oncle était adjoint au gouverneur et avait facilité ses débuts en lui offrant un navire armé de quelques canons. Aussitôt, le Gallois multiplie les expéditions contre les Espagnols et attaque les ports des côtes du Mexique. Au cours d'une razzia pleine de hardiesse, il s'associe avec les Indiens, remonte par la rivière jusqu'à la riche Grenade, sur les bords du lac Nicaragua, et y fait un butin considérable. Le voilà riche!

Son premier soin est de se faire construire une belle maison à Port-Royal, sur le quai, tout au bord de l'eau, et il songe à se marier.

Les femmes mariables étaient encore rares à la colonie, en 1667, et c'est sa jeune cousine Elizabeth que Morgan va épouser en ce matin de janvier. Georges Blond, dans son *Histoire de la flibuste*, nous raconte ce mariage haut en couleur. Il nous décrit la foule qui animait, ce jour-là, la promenade du front de mer : flibustiers dans le costume classique des films de cinéma, esclaves noirs, prostituées blanches très décolletées et bons bourgeois des îles, habillés comme en métropole. Tout ce monde, faisant preuve d'une vitalité intense, attend les jeunes mariés à la sortie de l'église réformée. Dès que les nouveaux époux paraissent, ils sont longuement acclamés et salués par une salve de coups de fusil. Ils sont vêtus de leurs plus beaux atours : soie brochée et grands chapeaux emplumés. Le marié, sanglé dans un pourpoint brodé, avait même, pour la circonstance, posé sur sa tête une longue perruque blonde, ce qui ne manqua pas de surprendre l'assistance. Un petit Noir, tout chamarré, suivait le marié en portant son manteau de soie et de brocart.

Le foulard rouge

Un festin monstre attend les invités. Chacun s'y rend à cheval ou dans de rudes charrettes. Dès qu'il monte en tête du convoi avec son épouse, Morgan ôte rapidement sa perruque et se coiffe du foulard rouge qu'il portait toujours, ce foulard qui est presque le signe distinctif des pirates. Les tables, de vulgaires planches sur des traiteaux, sont dressées sous une tente; grâce au butin raflé sur les galions espagnols, elles sont recouvertes de nappes damassées et brodées, de vaisselle d'or et d'argent, de vases d'église. Abondants et fortement épicés, les plats sont servis par une multitude d'esclaves. La boisson coule à flots, et la Jamaïque est le pays du rhum. Le festin se prolonge tard dans la nuit; il finit en véritable orgie, alors que les époux se sont retirés pour leur nuit de noces dans la belle maison du port.

Le marché de Linstead.

La maison d'Henry Morgan n'est plus là, à Port-Royal, pour nous raconter la vie que la jeune Elizabeth y mena pendant les longues journées où son mari était parti au loin, mettant à sac les villes espagnoles — comme Panama, en 1671. Vingt-cinq ans plus tard, le 7 juin 1692, un peu après midi, un effroyable séisme détruisait la ville des pirates. Les quais et les maisons qui les bordaient s'engloutirent dans la mer. Un raz de marée, balayant le reste de la ville, fit des milliers de morts, emportant même au fond de l'eau le cimetière et la tombe où Henry Morgan reposait, depuis quatre ans, dans la presqu'île de Palisadoes.
En 1959, des fouilles furent entreprises, on tenta de ramener au jour les traces de la ville engloutie. Tout était enfoui sous la vase et seuls quelques objets, dont une montre arrêtée à l'heure exacte du cataclysme, témoignaient que là avait été le sompteux repaire de la flibuste anglaise.

Ci-contre : *la pause dans une plantation de canne à sucre.*
Ci-dessous, à gauche : *Port Antonio;*
à droite : *Spanish Town.*

Marché à Port-au-Prince.

Haïti

« Une belle baie en fer à cheval, écrit Renée Pierre-Gosset, entourée d'un cirque de montagnes en amphithéâtre. Autour de la baie, une ville qui s'étage, écrasée sous une bonne chaleur, avec ses 200 000 habitants, presque tous du plus beau noir. Le vent y souffle le matin de mer, le soir de terre, emportant, rapportant, chargés d'odeurs marines, de ces parfums qui défont les plus beaux courages, le jasmin, l'oranger. »

Un pays longtemps français

« Bazar Oriental », « Cordonnerie Constant Armand »... les enseignes des magasins, à Port-au-Prince, sont rédigées en français. Au fronton des édifices publics flotte le drapeau haïtien. Il est aux couleurs françaises, rouge et bleu — Dessalines a supprimé la bande blanche —, et frappé en son milieu d'un emblème, encadré de blanc, à la fois révolutionnaire et belliqueux, qui se compose d'un palmier surmonté d'un bonnet phrygien — symbole de la République française — entouré d'étendards et de baïonnettes, et flanqué de canons et de boulets. Ainsi se souvient-on que Port-au-Prince est la capitale d'un pays qui fut longtemps français. De même, comme dans la France de l'Ancien Régime, où la Cour, la noblesse et l'Administration parlaient français et les campagnards patois, on entend les médecins, les avocats, les bourgeois et les notables de Port-au-Prince parler français, tandis que le peuple reste fidèle à son créole chantant. Les écoles, les lycées, les établissements libres — Saint-Louis-de-Gonzague avec les frères de Ploërmel et Saint-Martial avec les Spiritains — luttent courageusement pour le maintien de la langue française, que l'anglais, d'ailleurs, concurrence de plus en plus.

Première île des Antilles à être colonisée,

la seconde République noire des deux Amériques a conservé l'usage officiel et culturel du français. C'est ce qui confère à Port-au-Prince, parmi tant d'aspects variés, celui d'une préfecture française. Cependant, la France n'y a pas laissé que de bons souvenirs. Au temps de la colonisation, il n'était pas rare de voir, dans les rues de la capitale, des esclaves noirs fouettés en public pour manquement à la discipline. Et ce sont les criailleries — le mot est de Napoléon lui-même — des colons, décidés à reconquérir les privilèges que la Révolution avait abolis, qui incitèrent le Premier consul à employer la force contre Toussaint Louverture.

Le problème colonial

« Saint-Domingue, écrit Aimé Césaire, est le premier pays des temps modernes à avoir posé dans la réalité et à avoir proposé à la réflexion des hommes et cela dans toute sa complexité sociale, économique, raciale, le grand problème que le XX⁰ siècle s'essouffle à résoudre : le problème colonial. Le premier pays où s'est noué ce problème. Le premier pays où il s'est dénoué. »

Les Blancs voulaient recouvrer l'autorité politique que leur conféraient leur prise de possession du sol et leur primauté économique et sociale. Un vent de fronde soufflait également chez les mulâtres : ils réclamaient purement et simplement l'égalité des droits. Et les Noirs constituaient une masse redoutable de quelque 600 000 esclaves. « Dans cette forcerie humaine, écrit Césaire, dans cet entassement de ran-

Le palais de Sans-Souci, construit par le roi Christophe.

cœurs et d'énergies, il sortira non une jacquerie, mais une révolution. »
Arrive en scène un personnage à la fois étrange et fantastique : Toussaint Bréda, dit Louverture, qui jouit d'un immense prestige auprès de ses compagnons de couleur. Les Noirs cherchaient un chef : ils trouvent un général qui a lu l'abbé Raynal : « Rois de la terre, vous seuls pouvez faire cette révolution », à savoir renverser l'édifice de l'esclavage. Si bien que Toussaint lui-même en vient à imaginer un roi mythique, retenu prisonnier par les Blancs, parce qu'il a décidé de faire droit aux revendications de son peuple noir et de lui accorder la liberté. Il feint même de croire l'hypothèse réalisée : c'est le roi de France, Louis XVI, qui avait libéré les Noirs et les colons qui résistaient. Les insurgés, ce sont donc les colons !
Un certain Michel-Étienne Descourtilz, « naturaliste » de son état, c'est-à-dire médecin, chirurgien et botaniste, a approché les principaux protagonistes du « drame noir ». Il décrit Toussaint Louverture dans sa vie publique et privée. Véritable souverain, le général noir, « environné par sa propre splendeur », tenait une cour où régnait un protocole rigoureux. « Il gardait à l'égard de ses semblables, adjudants-généraux et généraux, la retenue altière, le silence imposant dus à l'importance du caractère qu'il représentait... Il fallait lui parler avec soumission et surtout avec beaucoup de circonspection. » Au passage de chaque ville, il exigeait qu'on le reçoive avec un dais, des cadeaux, des palmes et des salves de canons.

La balle d'argent

Les dîners donnés par Toussaint Louverture et Dessalines, le futur « Jacques Ier, empereur d'Haïti », étaient somptueux et accompagnés de musique. « Chaque fois qu'on portait une santé, soixante tambours et autant de fifres jouaient en fanfare et l'artillerie tirait en même temps des salves. » De Dessalines, Descourtilz trace, d'ailleurs, un portrait terrifiant. « Cruel, irascible », il était célèbre par ses exécutions sommaires. « Semblable au farouche Assuérus », toujours « altéré de sang et jamais rassasié », il variait les supplices infligés par son ordre à ses ennemis ou, tout simplement, à ceux qui n'avaient pas l'heur de lui plaire. Toussaint mourut au fort de Joux le 27 avril 1803, Dessalines fut assassiné dans une embuscade le 17 octobre 1806 : restaient Pétion et le « roi Christophe ». Hanté par les menaces que

Maisons typiques « 1900 » de Port-au-Prince.

faisaient peser sur lui des adversaires réels ou imaginaires, il s'acharna longtemps à construire cette énorme place forte qui s'élève à plus de 1 000 mètres d'altitude : la citadelle La Ferrière. Deux cent mille hommes y travaillèrent, mais 20 000 d'entre eux périrent à la tâche. Et tout cela pour rien : ses 365 canons de bronze n'eurent jamais à servir. Au milieu de l'esplanade, une tombe porte l'inscription suivante : « Ci-gît le roi Henri Christophe, né le 6 octobre 1767, mort le 20 octobre 1820, dont la devise fut : Je renais de mes cendres. »
Apprenant que de nouvelles révoltes avaient éclaté, le roi Christophe, selon la légende, s'était tiré dans la tempe la balle d'argent qu'il réservait à cette seule fin.

L'île de la Tortue

Pauline Bonaparte, qui vint en Haïti avec son mari, le général Leclerc, l'avait choisie comme lieu de vacances : elle y faisait des pique-niques. Mais l'île de la Tortue, semblable à une carapace posée sur la mer, est surtout célèbre pour le rôle qu'elle a joué dans l'histoire de la flibuste. Sa proximité d'Hispaniola, où le bétail, revenu à l'état sauvage, abondait, ainsi que sa position stratégique en ont fait une possession âprement disputée par les Espagnols, les Français et les Anglais.
Une colonie française installée dans l'île de Saint-Christophe en avait été délogée par les Espagnols. Les Français s'établirent alors à la Tortue, après en avoir chassé les Espagnols. Ce sont eux qui furent les premiers *boucaniers*, c'est-à-dire des chasseurs du bétail d'Hispaniola, qu'ils préparaient ensuite selon la recette indienne du *boucan*, pour en conserver la viande et les peaux qu'ils revendaient aux bateaux de passage. Ils se nommaient eux-mêmes les « frères de la côte ». Mais d'autres trouvèrent plus avantageux de « faire la course » et devinrent les *flibustiers*. Les plus paisibles, enfin, préféraient travailler la terre : c'étaient les *habitants*.
Les Espagnols, devant cette prospérité naissante, chassèrent de nouveau les Français de l'île. Pas pour longtemps. Aidés d'une centaine d'Anglais sous les ordres du capitaine Willis, ils la

65

La citadelle La Ferrière, à plus de 1 000 mètres d'altitude.

Jeune porteur d'eau sur un chemin rocailleux.

reprennent. Mais Willis déclare bientôt que l'île est à lui. Vulgaire chef de bande, brimant et spoliant les Français, il s'attire vite la haine de tous. Ayant appris ce qui se passait à la Tortue et bien que la France ne fut pas en guerre avec l'Angleterre, Philippe de Poincy, qui commandait à Saint-Christophe au nom de l'ordre de Malte, décida d'y envoyer, sous sa propre responsabilité, un gentilhomme huguenot : Le Vasseur.

Au mois d'août 1640, Le Vasseur débarque sur l'islet Margot, proche de la Tortue, avec quarante-neuf braves, tous huguenots comme lui. Des boucaniers français viennent se joindre à eux. Ne voulant pas agir par surprise, Le Vasseur fait dire à Willis qu'il « lui demande raison des violences commises contre les Français », et il lui donne vingt-quatre heures pour rembarquer avec tout son monde. Willis répond :

« Je ne vous crains pas, quand bien même vous seriez trente mille hommes. » Mais Le Vasseur ayant attaqué avec une centaine d'hommes, les Anglais se rembarquaient précipitamment le 31 août.

Devenu maître de la Tortue, Le Vasseur décida de la mettre en état de défense. C'était facile, elle était inaccessible de tous côtés, sauf au sud, où une éminence surmontée d'un rocher dominait le port de Basse-Terre, face à Hispaniola. C'était l'emplacement rêvé pour y établir ce fort de la Roche, dont les canons repoussèrent une nouvelle tentative des Espagnols. Malheureusement, Le Vasseur se conduisait en souverain tyrannique : il finit misérablement, assassiné par deux de ses hommes. L'île connut alors une brève période de richesse et de calme, avant que les aventuriers de tous bords y viennent de plus en plus nombreux.

Bateaux de pêche à Port-au-Prince.

République Dominicaine

La carrière de Rafael Leonidas Trujillo défie le plus aventureux des romans d'aventures.

Ce fils de facteur, qui se disait le descendant des conquistadores, fut chef de la police avant d'être le chef de l'armée, et il réussit ce tour de force d'être élu plusieurs fois à la présidence par une majorité supérieure au nombre du corps électoral.

Le « Benefactor »

Pendant trente ans, il fut le maître absolu de la république Dominicaine, qui vécut à l'« ère de Trujillo ». Aux termes de la loi n° 247 du 16 avril 1940 en effet, tous les documents officiels de la République devaient obligatoirement porter, en plus de leur date, la mention de l'année correspondante de l'« ère de Trujillo », qui avait commencé le 11 avril 1930 et qui ne se termina qu'en 1961, à la mort du dictateur.
Sur le plan économique, peut-être pourrait-il mériter ce titre de *Benefactor* — Bienfaiteur de la patrie — qu'il s'était attribué. Il remboursa la dette américaine, construisit des barrages et des routes, stimula le commerce extérieur — les exportations passèrent, sous son impulsion, de 18 à 140 millions de dollars. Encore convient-il de noter que Trujillo en profitait pour s'enrichir aux dépens de ses compatriotes : il possédait à peu près toutes les entreprises du pays, tant publiques que privées, et à sa mort sa fortune personnelle s'élevait à 800 millions de dollars, soit le chiffre fantastique de 400 milliards d'anciens francs.

Deux mille statues

Largement inspirées des régimes totalitaires européens, ses méthodes de gouvernement s'appuyaient sur l'armée, et surtout sur la police. Trujillo avait son réseau personnel d'indicateurs : les *calies*, et deux ans après sa mort on les craignait encore. On s'enfermait chez soi le soir, et le passage d'une voiture de la police faisait taire tout le monde : on se rappelait trop clairement l'époque des arrestations sommaires et de la torture. Par ailleurs, le culte de la personne fut élevé par Rafael Trujillo à un point jamais atteint par un dictateur de l'Amérique latine. Deux mille fois statufié de son vivant, cet effroyable mégalomane, qui avait une passion pour son fils « Ramfis », dont il fit officiellement un colonel de l'armée à l'âge de quatre ans, finit par soulever contre lui non seulement l'opinion des pays latino-américains et des États-Unis, mais celle des Dominicains eux-mêmes. Il fut abattu d'une rafale de mitraillette, dans la nuit du 30 mai 1961, alors qu'il se rendait au domicile d'une de ses nombreuses maîtresses.

L'alcazar de Colomb

Une époque était révolue, une page était tournée et « Ciudad Trujillo », la capitale de la république dominicaine, reprit son ancien nom de Santo Domingo. C'est de loin la plus belle ville des Antilles, et si les quartiers modernes, aux rues coupées à angles droits, sont imposants, ils forment un contraste saisissant avec la vieille ville, qui renferme les monuments les plus anciens du Nouveau Monde.
Plusieurs églises sont du XVIe siècle; on y trouve les ruines de monastères fameux et aussi celles du premier hôpital construit en Amérique. Et si l'on revient du port par les quais, ou encore par la calle Isabel la Católica, on parvient bientôt à une petite éminence où se dresse un vaste rectangle de 50 mètres sur 20 : l'alcazar de Colomb,

Santo Domingo : la basilique Sainte-Marie-Mineure où est enterré Christophe Colomb.

La fière allure des contremaîtres d'une plantation de canne à sucre.

construit en trois ans, de 1509 à 1512, par le fils du « Découvreur », Diego Colomb. Celui-ci était parvenu, après de longs efforts, à récupérer le « gouvernement général » attribué à son père. Il avait épousé dona Maria de Toledo, de la famille du duc d'Albe, et il se constitua dans le « Palacio », en ce début du XVIe siècle, une véritable cour en miniature.

La demeure abrita le roman d'amour d'un des fils de Diego, Luiz Colomb, et de María de Orozco, mais plus tard, après la mort de sa mère, ce même Luiz était arrêté pour bigamie, traîné en prison, exilé à Oran, et l'alcazar de Colomb fut bientôt abandonné par les descendants du Découvreur, dont, par hasard, en 1877, on retrouva les restes dans un coffret mortuaire, à l'intérieur de la basilique Sainte-Marie-Mineure, la cathédrale de Santo Domingo.

Déchargement des oranges à Santo Domingo.

Quartier résidentiel et grands hôtels, à San Juan.

Porto Rico

Deux mondes s'affrontent à San Juan de Porto Rico, l'ancien et le nouveau. Dans les quartiers neufs, on se croirait à New York ou à Miami, ailleurs à Séville ou à Madrid, alors que tout près existent encore de misérables faubourgs comme la Perla ou el Fanguito. Mais sous l'impulsion américaine tout change à San Juan comme dans l'île entière.

En 1593, Élisabeth d'Angleterre donne à Francis Drake, qui était inactif depuis quelques années, le commandement d'une flotte, conjointement avec son vieil ami, sir John Hawkins, alors âgé de soixante-dix-huit ans. L'expédition sera dirigée contre les colonies espagnoles d'Amérique, et la flotte, composée de 26 navires, sort du port de Plymouth le 28 août 1595. Francis Drake est à bord de la *Defiance*, John Hawkins à bord du *Garland*.

Un important trésor à San Juan

Dès le 6 octobre, l'escadre anglaise se signale aux Canaries, où elle attaque sans succès Las Palmas. Cet échec coûtera cher aux Britanniques. En effet, quelques prisonniers anglais révèlent aux Espagnols leur plan d'aller attaquer Porto Rico et la Côte-Ferme. Aussitôt, des embarcations rapides sont expédiées à San Juan, avec mission de devancer à tout prix l'escadre anglaise. Un important trésor est entreposé à San Juan : ce n'est un secret pour personne ! Il faut se hâter de renforcer les défenses de l'île.

Philippe II envoie en toute hâte l'amiral don Pedro Tello de Guzmán avec 5 frégates de guerre et l'ordre de ramener immédiatement en Espagne le trésor. Tello de Guzmán gagne les Anglais de vitesse et parvient le 13 novembre à Porto Rico. Il trouve l'île sur le pied de guerre, déjà prévenue par les émissaires de Las Palmas. La population et les autorités s'activent pour mettre le port et ses alentours à l'abri d'une surprise. Depuis cinquante ans déjà ont été entreprises les fortifications de San Juan, notamment la forteresse du Morro, que l'on peut toujours voir gardant l'entrée du port.

Une des premières mesures prises sera de poster un navire à l'entrée du port, avec ordre de rentrer au premier signe de danger et de boucher cette entrée. La venue de don Pedro de Guzmán, annonçant l'arrivée incessante de l'escadre Drake-Hawkins, accélère encore les préparatifs de défense. Dans la forteresse du Morro et les autres bastions, l'artillerie se prépare à entrer immédiatement en action. Simultanément, sur toutes les plages et dans toutes les criques, on dispose des forces d'infanterie et on envoie des barques dans les îles voisines pour prévenir du danger et demander de l'aide.

Les Espagnols veillent

Le gouverneur Pedro Suarez Coronel rivalise d'ardeur pour la défense de l'île, avec Pedro de Guzmán et le général Sancho Pardo Osorio. C'est lui qui est responsable du trésor. La capitainerie de Terre-Ferme a envoyé un renfort de 800 hommes venus appuyer les 750 soldats de Porto Rico, ainsi que 5 frégates avec leurs bouches à feu. Les forts comptent plus de 70 canons. L'arrivée de l'escadre britannique, le 22 novembre, devant San Juan ne sera une surprise pour personne.

L'escadre n'est plus commandée que par un seul amiral. Au petit matin de ce jour, sir John Hawkins est mort, en effet, dans sa cabine du *Garland*. Pendant la traversée, déjà, il a donné les signes d'une maladie grave, ne quittant pas sa couchette. La mort l'aura pris, face à San Juan, épuisé par les fièvres, au milieu de terribles convulsions et de spasmes atroces. Au soleil levant, son corps est immergé dans l'océan parmi les sonneries de trompettes et les décharges de mousqueterie qu'accompagnent les lamentations de ses hommes et de ses officiers.

Cette mort conclut bien toute une vie consacrée au service de sa patrie et à la mer.

Drake prend alors le commandement des opérations et se dispose à attaquer San Juan. Il envoie quelques navires en reconnaissance et ne tarde pas à s'apercevoir que l'ennemi s'apprête à lui résister. Chaque fois qu'il approche de la côte, une canonnade nourrie l'oblige à faire demi-tour. Le 23 novembre, il réussit à débarquer dans la petite île de Cabras, proche du port, et de là il tente à la faveur de la nuit de forcer l'entrée de la rade, mettant le feu à trois navires à l'ancre. Mais les Espagnols veillent, et les assaillants sont repoussés vigoureusement. Le lendemain encore, Drake croise devant le port, effectue différentes manœuvres. Sans succès. Et, devant la fermeté de la défense qui ne se relâche ni de jour ni de nuit, il abandonne enfin : le soir du 25 novembre, la population de San Juan verra avec joie l'escadre anglaise disparaître à l'horizon.

Il s'écoule cependant plusieurs jours encore avant que la population de San Juan soit pleinement rassurée et que l'on se hasarde à embarquer le fameux trésor de trois millions de pesos qui, sous bonne escorte, parvient sans encombre en Espagne.

Francis Drake s'est dirigé vers Curaçao et Rio Hacha. Mais, pour lui aussi, ce sera le dernier voyage. Miné par la dysenterie, il s'éteindra face à Portobelo, alors que son escadre vient d'essuyer une nouvelle défaite à Panama. Il mourra au large le 28 janvier 1596, et son corps sera également immergé dans cette mer des Caraïbes où, depuis trente ans, son nom et celui de John Hawkins ont fait trembler les populations des îles et des ports de la Côte-Ferme.

Bidonville aux portes de San Juan.

La Guadeloupe

Grande-Terre est la plus petite des deux, Basse-Terre la plus haute, et les deux îles, séparées par une rivière qui n'a pas de source — la rivière Salée —, n'en constituent pas moins la plus grande des Petites Antilles : la Guadeloupe.

Les Caraïbes l'appelaient Karukera, « l'île aux belles eaux », mais on l'a toujours comparée, à cause de sa forme de gros insecte tropical, à un papillon dont les deux ailes sont pourtant fort différentes.

Cinquante mille « pointus »

Grande-Terre est dépourvue de rivières, encombrée de marais, et ne doit son essor qu'à la culture de la canne à sucre et, depuis fort peu de temps, au tourisme, grâce à ses plages somptueuses et à la transparence de la mer qui les baigne. Mais c'est au sud de Grande-Terre, dans un site conquis sur les marais, que se trouve Pointe-à-Pitre, la ville aux 50 000 « pointus », aux marchés éclatants, aux parfums étranges.

Le « Pitre », c'est le nom d'un juif hollandais qui s'appelait Peter et qui s'enfuit du Brésil avec quelques dizaines de ses compatriotes pour apporter à la Guadeloupe des connaissances dont on avait grand besoin : les Hollandais savaient mieux que quiconque cultiver la canne à sucre. Mais ce sont les Anglais qui fondèrent Pointe-à-Pitre, sans s'y attarder. En 1794, Victor Hugues, que le Comité de salut public avait muni de pleins pouvoirs, bouscula les « habits rouges », après s'être emparé de Fort-Fleur-d'Épée — où l'on se battit toute une nuit à l'arme blanche, et entrant dans la ville il y promulgua le célèbre décret du 16 pluviôse an II qui abolissait l'esclavage.

Les temps sont révolus : on se promène aujourd'hui sur la place de la Victoire où l'on s'entre-tuait hier, et au bruit des épées et de la canonnade a succédé le brouhaha des encombrements et les clameurs du carnaval.

Un autre monde

Basse-Terre, c'est la Guadeloupe proprement dite que l'on découvre soudain après avoir passé le pont de la

Jour de marché à Pointe-à-Pitre.

Bateaux de pêche à Pointe-à-Pitre.

Un autobus ou « char à bancs ».

rivière Salée. C'est un autre monde, aussi humide, tropical, exubérant que la Grande-Terre est sèche, brûlée par le soleil, domptée par la culture. A l'est cheminent encore les chars à bœufs lourdement chargés de canne à sucre; à l'ouest se succèdent de charmantes petites criques qu'on appelle ici des « anses », et dans d'étroites vallées de plantureux bananiers s'accrochent aux flancs des collines. Mais au centre l'île est presque impénétrable : boisée, montagneuse, volcanique, et les nombreux geysers vous donnent la curieuse impression que « le sol bouillonne sous les pieds ».
C'est à Pointe-Allègre, au nord, que débarquèrent, le 28 juin 1635, les fondateurs français de la colonisation : L'Olive et Duplessis, accompagnés de 600 colons aventureux. Mais c'est au sud de l'île que se trouve le chef-lieu de ce département français, une petite ville tranquille de quelque 10 000 habitants, qui s'étend en amphithéâtre le long d'une mince bande côtière.
Dugommier qui commandait le fougueux Bonaparte au siège de Toulon, naquit à Basse-Terre, ainsi que le chevalier de Saint-Georges, dont la mère était une esclave d'une grande beauté et le père, Jean-Nicolas de Boulogne, conseiller du roi. Dès l'âge de treize ans, en 1742, Saint-Georges

Église en bois à Pointe-à-Pitre.

Le départ en mer.

Richepanse

Le P. Labat, ce dominicain qui savait tout faire, fit aussi le coup de feu, à Basse-Terre, contre les Anglais en 1703. Et à chaque coup de canon, qu'il ajustait lui-même, il criait de sa plus belle voix aux marins britanniques : « L'avez-vous bien reçu? »
A Basse-Terre (la ville), près de la petite place des Carmes, il y a de gros blocs de pierre, des fossés, un parapet : le fort est aussi la tombe du général Richepanse, mort à trente-deux ans des suites de la fièvre jaune. Jeune général du Consulat, Richepanse avait été chargé de mater une révolte contre le rétablissement de l'esclavage, que voulaient les colons. A peine débarqué, il fait désarmer les troupes de couleur de Pointe-à-Pitre, mais les anti-esclavagistes de Basse-Terre, conduits par le Martiniquais Louis Delgrès, mèneront la vie dure aux soldats de Richepanse. Des combats acharnés se poursuivent à travers l'île et jusque dans les rues de Basse-Terre. Les troupes régulières prennent l'avantage et finissent par investir le fort Saint-Charles. Delgrès est cerné, et c'est à Matouba, à 7 kilomètres de là, qu'il se fera sauter avec 300 patriotes antillais dans l'*habitation* Danglemont. Et c'est en l'honneur du général Richepanse qu'on débaptisera le vieux fort Saint-Charles, qui datait de 1643.

était en pension, à Paris, chez un illustre maître d'armes de l'époque, avec un emploi du temps qui ne laissait guère de place aux loisirs. Le matin : littérature, sciences, langues, musique et danse; et l'après-midi, escrime jusqu'au soir. A dix-sept ans, Saint-Georges battait tous les maîtres d'armes de la capitale; à trente ans, il composait des opéras et des concertos, et un soir, devant une assistance émerveillée, il joua même une de ses œuvres à coups de fouet, un fouet serti de pierres précieuses. Héros à la mode, on se disputait ses faveurs, et le prince de Galles lui paria, une fois, 800 guinées qu'il ne sauterait pas à pieds joints le fossé du château de Richmond, aux environs de Londres. C'était mal connaître le chevalier de Saint-Georges, qui pourtant attachait peu d'importance à l'argent. Il tenait, en revanche, à son titre de « créole », et l'imprudent qui, par mégarde, le traita de « moricaud » sur le trottoir de la rue du Bac, à Paris, roula, séance tenante, dans le ruisseau. « Te voilà à cette heure aussi mal blanchi que moi », lui dit Saint-Georges en s'éloignant.

L'entrée d'une case à Sainte-Anne.

Petit village sur la côte de Basse-Terre.

La Martinique

En juin 1788, Joséphine de Beauharnais vivait séparée de son mari depuis trois ans. Soudain, sur un coup de tête, elle s'embarque pour la Martinique, emmenant sa petite fille Hortense.

La vie est pour elle aussi difficile à la Martinique qu'à Paris. Elle vit aux Trois-Ilets, dans le domaine de ses parents, la Pagerie, où elle est née, et son père et sa mère sont tout juste en mesure de lui fournir le vivre et le couvert. Pendant que Marion, la mulâtresse qui l'a élevée, s'occupe avec dévouement de sa fille, Joséphine passe de longues heures à rêver dans un hamac, regrettant sans doute Paris, où elle n'est pas sûre de pouvoir revenir, faute d'argent pour payer sa traversée.

Un portrait moqueur

Sa seule distraction est de se rendre à Fort-Royal, devenu depuis Fort-de-France, chez son oncle le baron Tascher, qui est capitaine du port. La jeune femme retrouve là un peu de l'atmosphère mondaine de Paris. Son oncle et sa tante reçoivent toutes sortes de visiteurs, surtout les officiers de la marine royale et les capitaines de la marine marchande dont les bateaux font relâche dans le port. Ils apportent les dernières nouvelles de Paris et des événements graves qui s'y préparent, et l'un d'eux laissera de Joséphine à cette époque un portrait moqueur : « Mon premier soin, en mettant pied à terre, fut d'aller visiter les anciennes connaissances, dont l'accueil, toujours prévenant, me fit tant de plaisir. Je dois citer M. et Mme Tascher de La Pagerie, chez lesquels je trouvai accidentellement leur nièce, Mme de Beauharnais, qui, depuis, a joué un si grand rôle dans nos fastes illégitimes. Cette femme, sans être précisément jolie, plaisait par sa tournure, sa gaieté et la bonté de son cœur. Plus occupée de se procurer des jouissances auxquelles son âge et ses attraits lui donnaient quelques droits, elle frondait assez publiquement l'opinion plus ou moins flatteuse que l'on pouvait avoir sur son compte. Mais comme sa fortune était extrêmement bornée et qu'elle aimait la dépense, elle se trouvait souvent forcée de puiser dans la bourse de ses adorateurs. »

Les fugitives

Joséphine ne prête qu'assez peu d'attention aux rumeurs venues de la métropole, aussi est-elle très surprise par la répercussion de la Révolution française à la Martinique. C'est à Saint-Pierre, bastion libéral, que l'émeute commence. Le premier drapeau tricolore y a été débarqué, puis solennellement bénit, et l'on chante un *Te Deum* d'actions de grâces. La garnison de Fort-Royal fait rapidement cause commune avec ceux de Saint-Pierre, s'empare des forts et commence à bombarder la ville. Joséphine, qui se trouve ce jour-là à Fort-Royal chez son oncle, est affolée. Elle n'a qu'une idée : aller chercher refuge, pour elle et sa fille, à bord des navires de guerre ancrés dans la rade.
Les deux fugitives trouvent un abri sûr à bord de la frégate *la Sensible*, que commande Durand d'Ubraye, ayant sous ses ordres la division navale des îles du Vent. Il connaît sans doute déjà Joséphine et la famille de Beauharnais, peut-être même les a-t-il fait prévenir du danger qui les menace. Mais les marins de l'escadre se mutinent à leur tour : ils exigent le retour immédiat en France.
Le sort en est jeté. Le 3 septembre 1790, la division appareille. Joséphine et Hortense, à bord de *la Sensible*, n'ont même pas pu retourner à terre faire leurs adieux aux Trois-Ilets. Joséphine, d'ailleurs, ne reverra plus ses parents. Elle ne retournera jamais dans son île natale.

Le 18 brumaire an XIII à Fort-de-France

Pour l'anniversaire du coup d'État de Bonaparte, de grandes festivités ont lieu à Fort-de-France, le 18 brumaire an XIII. Bonaparte est empereur des Français et Joséphine de Beauharnais, la Martiniquaise qu'il a épousée en 1796, est devenue impératrice. Toutes raisons qui donneront à ces manifestations un éclat particulier. On en trouve le compte rendu dans *la Gazette de la Martinique* du 23 brumaire an XIII (4 novembre 1804).
D'abord la parade militaire. « Après

Fort-de-France. Maisons le long de la rivière Levassor.

L' « habitation » Pecoul, à Basse-Pointe, date du XVIIIe siècle.

plusieurs manœuvres où l'on a pu admirer combien officiers et soldats étaient familiarisés avec leur noble profession, le pas de charge a été ordonné, le pas de charge devenu chez les Français le gage infaillible de la victoire... » Puis le *Te Deum* à l'église, présidé par la mère de Sa Majesté l'Impératrice, qui reçoit les hommages des notables. « Le soir, à 9 heures précises, après de nouvelles salves de la frégate et des forts, deux ballons ont été lancés de la Savanne, au lieu même disposé pour un feu d'artifice; tandis que tous les yeux suivaient les deux nacelles aériennes qui se sont élevées à une prodigieuse hauteur, le Directeur général de l'Artillerie a présenté à la mère de S. M. une lance allumée; elle en a touché un fil conducteur, et le feu d'artifice, quoique placé à plus de cinquante pas, à l'autre extrémité de la Savanne, a été allumé avec la rapidité de l'éclair. »

Les organisateurs des cérémonies n'ont ménagé ni les frais ni les efforts d'imagination. Un temple de la Gloire a été édifié; dans les jardins du palais du capitaine général, ceux de Paris — Tivoli, Bagatelle, Frascati — ont été reconstitués. Et tout finira par un grand bal auquel étaient invités 200 dames et 600 cavaliers.

L'autre impératrice

Mais revenons en arrière. En 1775 (?), près du Robert, sur la côte est de la Martinique, naissait à Pointe-Royale une petite fille qui était une cousine de Joséphine. Aimée du Buc de Rivery, bien que treize ans plus jeune, devait, elle aussi, devenir impératrice : « l'impératrice voilée », sur laquelle plane encore un mystère.
Comme elle manifestait une intelligence très vive, ses parents décidèrent de ne pas se contenter pour Aimée de l'éducation que l'on pouvait trouver à la Martinique et de l'envoyer en France, où ils avaient encore des parents. On choisit Nantes et le couvent des Dames de la Visitation, parce qu'Aimée avait une tante dans la grande ville bretonne, Mme de Montfrabœuf. On imagine l'arrivée de cette petite créole de dix ans dans ce couvent où l'éducation n'a aucun rapport avec ce qu'elle a connu à Pointe-Royale. Elle passe quatre ans à y apprendre tout ce qu'on apprenait alors à une jeune fille bien élevée, sans oublier le chant, la musique et la danse. Si l'on en croit une gravure anonyme de l'époque, Aimée est devenue très belle.
Mais les mêmes rumeurs révolutionnaires qui incitèrent Joséphine de Beauharnais à regagner précipitamment Paris avec sa fille Hortense inquiètent Mme de Montfrabœuf. Elle, au contraire, décide de renvoyer à ses parents la jeune Aimée, maintenant âgée de quatorze ans. Elle l'embarque à Nantes sur un bateau à destination de la Martinique, sous la garde de sa vieille nourrice noire Zorah.
Le voilier ne parvint jamais à destina-

Une rue de Fort-de-France.

tion. Et l'on considéra bientôt Aimée du Buc de Rivery et sa nourrice Zorah comme perdues en mer.

Une étrange histoire

C'est quelques années plus tard seulement, par le truchement de l'ambassade d'Angleterre à Constantinople, qu'on apprenait l'étrange histoire. La sultane validé, c'est-à-dire la sultane douairière, première dame du palais du sultan Mahmoud II — dont le père Abdul Hamed Ier était mort en 1789 —, n'était autre que la jeune créole de la Martinique !

Que s'est-il passé? Le voilier qui ramène Aimée et Zorah à la Martinique a fait naufrage dans le golfe de Biscaye. Les passagers en sont heureusement recueillis par un navire espagnol qui se dirige vers Majorque. Mais il est arraisonné, avant d'y parvenir, par des corsaires barbaresques, qui emmènent tous les passagers à Alger. Aimée est offerte au dey, mais celui-ci, qui a soixante-quatorze ans, décide d'en faire cadeau au sultan de Constantinople pour entrer dans ses bonnes grâces. Nul n'a jamais su ce qu'avait été la vie de la sultane validé. On sait seulement qu'elle mourut en novembre 1817 : un moine raconta, bien des années plus tard, qu'il avait été introduit à son chevet. « Madame, lui dit-il, vous avez manifesté le désir de retrouver la religion de vos ancêtres, votre désir est exaucé, voici un prêtre. »

Jour de marché à Fort-de-France.

Fort-de-France vu du port.

Séchage des filets au Carbet.

Saint-Pierre et sa nouvelle cathédrale.

La montagne Pelée vue de Saint-Pierre.

Aimée du Buc, devenue Nakchidil, qui veut dire « Empreinte du cœur », fut longtemps pleurée par son fils Mahmoud II. C'est sans doute à cause de la vénération qu'il portait à sa mère que le Sultan ne cessa de pratiquer une politique d'amitié avec la France. Jusqu'au moment où Napoléon répudia Joséphine, la cousine de sa mère — l'autre impératrice martiniquaise.

Le « mont Pelé » fait des siennes

Le 8 mai 1902, l'éruption de la montagne Pelée détruisait l'ancien centre commercial et culturel de la Martinique, Saint-Pierre, qui ne s'est jamais relevé de ses ruines. Il y a peu de témoignages des derniers instants de la ville, mais le 3 mai, Félix Marsan, un habitant de Saint-Pierre, écrivait dans une lettre que l'éruption avait déjà pris des proportions plutôt inquiétantes. « Notre vieux mont Pelé fait des siennes depuis quelques jours. Avant le 25 avril on entendait des bruits sur les habitations des hauteurs. Quelques personnes affirmaient même avoir vu, la nuit, des flammes jaillir du cratère... Hier, 2 mai, des émanations d'acide sulfureux et d'œufs pourris se sont fait sentir, et après de terribles détonations, nous avons vu surgir, mais cette fois de l'ancien cratère, au nord du morne Lacroix, un immense jet de fumée noirâtre, et jusqu'à la nuit le mont Pelé a présenté ce beau spectacle... Je suis monté au second, d'où je vois parfaitement le volcan. Mais que je vous dise tout d'abord que nos chambres étaient envahies par une poussière fine et pénétrante, qui nous aveuglait tant soit peu. En ouvrant la fenêtre du second, nous avons observé d'épais nuages qui masquaient la montagne. Ce gros amas était sillonné de feux et en même temps nous percevions des grondements souterrains. Une véritable pluie de cendres nous aveuglait. Elle continue jusqu'à présent (11 heures et demie du matin)... La ville offre l'aspect d'un coin de France en hiver. Sur les habitations des hauteurs, des enfants, dit-on, ont été asphyxiés. Il paraît même que des animaux ont péri. Beaucoup d'habitants se sont réfugiés en ville... Il faut tenir les fenêtres fermées pour pouvoir respirer. Les nègres sont blancs. Les barbes et les cheveux sont gris. C'est très curieux... On circule dans les rues non plus avec des parapluies, mais avec des para-cendres... Nous sommes à la grâce de Dieu. Espérons que nous n'aurons pas le sort de Pompéi ni ma lettre (écrite dans un autre style, bien entendu) le retentissement de Pline le Jeune. »

La Dominique

Femme caraïbe et son bébé.

Dans la partie méridionale de l'archipel des Petites Antilles s'égrènent, comme des perles sur la soie bleue de la mer des Caraïbes, les îles anglaises du Vent : la Dominique, Sainte-Lucie, Saint-Vincent et, comme les grains d'un chapelet, les îlots des Grenadines.

La plus sauvage et la plus belle peut-être, c'est la Dominique. Mais ce qui caractérise cette île, c'est que, pendant deux siècles, elle a été la patrie à peu près inviolée des Caraïbes, qui s'y étaient installés et avaient fait souche bien avant l'arrivée de Christophe Colomb.

Rencontre avec les Caraïbes

De guerre lasse, les Espagnols, puis les Anglais et les Français, plutôt que de livrer des combats difficiles et sans cesse recommencés, délaisseront la Dominique. Mais lorsqu'il y débarque, le 9 janvier 1700, le P. Labat, lui, fait la connaissance des Caraïbes et sympathise avec eux. Ils le reçoivent d'autant mieux qu'il leur distribue de larges rations d'eau-de-vie. Bien que, depuis longtemps, les missionnaires aient renoncé à les évangéliser — de peur d'être massacrés —, il leur reste quelques bribes d'enseignement chrétien. Ils font le signe de croix. Et leur sens aigu de la liberté individuelle frappe le P. Labat, qui, sur ce point, semble leur donner raison. A propos des Anglais et des Français « tués, boucanés et mangés par les Caraïbes », le père fait tout simplement remarquer que « c'était la rage qui leur faisait commettre ces excès, parce qu'ils ne pouvaient se venger pleinement de l'injustice que les Européens leur faisaient de les chasser de leurs terres qu'en les faisant périr, quand ils les prenaient, avec des cruautés qui ne leur sont pas ordinaires ».

« Il n'y a point de peuple au monde, ajoute Labat, qui soit plus jaloux de sa liberté... Aussi se moquent-ils de nous autres quand ils voient que nous portons respect et que nous obéissons à nos

La côte sauvage de la Dominique.

Un passage de rivière dans une nature sauvage.

supérieurs. » Cependant, les femmes, elles, obéissent sans murmurer aux hommes, avec une docilité telle qu'« il est rare que leurs maris soient obligés de les en faire souvenir. Grand exemple pour les femmes chrétiennes! » soupire le bon père.
Il reconnaît tout de même que les Caraïbes sont de redoutables guerriers, qu'il est nécessaire de « conserver soigneusement la paix avec eux, non pas qu'on les craigne — nos colonies sont trop fortes et eux trop faibles pour nous faire du mal —, mais pour que les habitants puissent vivre en repos ». Et il conclut qu'il est impossible de les convertir, à moins de les « dépayser pour toujours ».

Ils renoncent à se faire peindre

Vers la fin du XVIIIe siècle, les Caraïbes avaient peu à peu disparu des Antilles, à l'exception de la Dominique et de Saint-Vincent, d'où, à la suite d'une révolte plus sanglante que les autres, ils seront déportés et transférés au Honduras. Ceux de la Dominique connaissent, à la suite du traité de Paris de 1763, l'occupation anglaise. Les ports de Roseau et de Portsmouth voient affluer les « habits rouges » et les négociants à perruque; la main-d'œuvre noire submerge peu à peu les Caraïbes, le métissage produit ses fruits : c'est le *zambo*, mélange d'Indien et de Noir. Ainsi, progressivement, les fiers Caraïbes perdent leur personnalité; ils renoncent même à cette habitude de se faire peindre le corps par leur femme, habitude qui avait intéressé si fort le P. Labat. « Quand tout le haut du corps est peint, le Caraïbe se lève afin qu'on lui peigne les cuisses et les jambes; et lorsque cela est achevé, il se remet sur son siège et se barbouille lui-même les parties auxquelles la pudeur n'a pas permis à sa femme de toucher. »

Quant à leur anthropophagie rituelle, elle n'est bientôt plus qu'un souvenir. Repoussés petit à petit dans la partie isolée du nord-ouest de la Dominique, les Caraïbes se verront attribuer par le gouvernement, en 1903, cette région qui devient leur réserve. Vers 1950, le major Leigh Fermor va leur rendre visite. Après avoir gravi les contreforts du morne Diablotin, traversé des ponts suspendus, monté et descendu des pentes, il arrive dans la réserve où vivent les quelque 500 descendants des « sauvages » qui ont fait trembler les conquistadores.
Certains sont métissés de sang africain, la plupart ont conservé leur type indien. Un « roi » les gouverne, appointé par la Grande-Bretagne. Depuis longtemps, ils ne parlent plus les trois langues signalées par le P. Labat — celle des hommes, celle des femmes et celle des guerriers —, mais l'anglais et le créole. Ils sont libres de s'administrer eux-mêmes, à une seule condition : entretenir la route cavalière qui traverse leur territoire. Ils pratiquent la pêche et la vannerie, ne cherchant à travailler que pour assurer leur subsistance : les Caraïbes méprisent la richesse autant que les lois.

Fraudeurs du fisc

Navigateurs consommés, ils construisent des canots, creusés dans de grands arbres et renforcés de plaques de cuivre, et ils les lancent sur les rivières et souvent même en pleine mer. Ainsi reprennent-ils le chemin ancestral des incursions dans les îles voisines, non plus pour les piller et en chasser les occupants, mais pour échanger leurs produits et se livrer à la contrebande. Ils troquent en général leurs articles de vannerie, leurs poules ou leurs dindons contre des liqueurs, dont il sont friands, et font au retour d'énormes beuveries, du genre de celles qui stupéfiaient le P. Labat; mais il s'agissait alors de puiser dans l'alcool l'excitation au combat. Une vieille femme les haranguait pour stimuler leur haine de l'ennemi. Quand elle voyait qu'ils étaient au paroxysme de la fureur, elle leur jetait les membres boucanés de leurs victimes sur lesquels ils « fondaient comme des furieux », les griffant, les coupant en pièces, les mordant et les mâchant avec rage.
Aujourd'hui, les ennemis ne sont plus que les garde-côtes britanniques, à l'affût des contrebandiers. Pendant longtemps, les Caraïbes, connaissant dans les moindres détails la topographie des îles, échapperont à la surveillance des patrouilles de la Douane. Mais un

jour, la police, exaspérée de ne pouvoir mettre la main sur ces fraudeurs du fisc, fait une descente à la Dominique. Elle pénètre en territoire caraïbe et saisit les stocks de rhum et de tabac amenés en contrebande. Une émeute éclate, deux Caraïbes sont tués, d'autres blessés. Il faut, pour mettre fin à l'insurrection, que la marine anglaise bombarde, en manière de punition, les sommets boisés de l'île. Le sceptre royal — un bâton surmonté d'un bouton d'argent et d'une couronne — est confisqué, la « royauté » provisoirement transférée au gouvernement de Roseau.

Lorsque après sa visite le major Leigh Fermor se retrouvera avec ses porteurs noirs, ceux-ci lui apparaîtront comme des êtres calmes, sains, normaux, comparés aux Caraïbes, « créatures aussi curieuses et étranges que les Martiens ».

Ci-contre : *les maisons au charme désuet de Roseau.*
Ci-dessous : *un marché particulièrement animé.*

La Trinité (Trinidad)

Depuis sa découverte, le 31 juillet 1498, par Christophe Colomb à son quatrième voyage, la Trinité n'intéressait guère les Espagnols. Quelques colons seulement y vivaient, protégés par une petite garnison de trente hommes, quand, en 1595, Walter Raleigh, le corsaire anglais, y opère une descente, égorge la garnison et fait le gouverneur prisonnier.

Cet incident dramatique ne fait qu'accentuer l'indifférence de l'Espagne à l'égard de cette île, qui n'est plus peuplée que de quelques centaines d'habitants, créoles, mulâtres et Indiens. Bien qu'elle soit très fertile, son commerce ne consiste alors qu'en des échanges de cacao et d'indigo contre des étoffes grossières et des instruments agricoles sommaires qu'apportent les contrebandiers de Saint-Eustache.

Un Français dynamique

C'est un Français qui, en 1783, va tirer la Trinité de cette triste situation. Roume de Saint-Laurent, installé à Grenade, est frappé, au cours d'un voyage, par la fertilité du sol de la Trinité, l'abondance et la variété de sa végétation, et surtout sa situation stratégique, qui permettrait, avec quelques troupes seulement, de s'assurer le contrôle du commerce du riche et vaste territoire de l'Orénoque. Enthousiasmé par son idée et persuadé qu'elle va être pour lui l'origine d'une grande fortune, Roume de Saint-Laurent s'embarque pour l'Europe. Le voici à Madrid faisant le siège des ministres, attirant l'attention des uns et des autres sur les immenses possibilités qui gisent inexploitées à la Trinité.
Le moment est favorable, le succès de la révolution des États d'Amérique du Nord donne à réfléchir aux métropoles européennes, et particulièrement à Madrid, qui sent bien que son système colonial n'est plus adapté aux temps nouveaux. On étudie les plans de Roume de Saint-Laurent, et le Conseil des Indes, en 1783, permet à tous les étrangers, à condition qu'ils soient de religion catholique romaine, de venir s'établir dans l'île. Pendant cinq ans, ils seront libérés de toutes dettes contractées dans leur pays d'origine.
Mais Roume de Saint-Laurent ne borne pas ses démarches à l'Espagne. Il parcourt infatigablement la France et l'Europe, exhortant les commerçants de tous les grands centres à faire des avances aux colons de la Trinité. Il incite les hésitants à venir s'y installer avec leurs capitaux pour y défricher des terres. Cet homme a décidément le don de persuasion : un grand nombre de colons vont tenter l'aventure.

Un gouverneur plein de finesse

Rapidement, le nombre des habitants de l'île augmente. En cinq ans, ils sont déjà près de 19 000. Cette population rassemble évidemment des gens très disparates et de toutes couleurs; ils sont venus d'Europe, des Antilles et d'ailleurs. Beaucoup de Français, chassés de la Martinique et de la Guadeloupe par la Révolution, s'y réfugient avec leur famille, leurs capitaux et leurs esclaves. Mais la bonne entente ne règne pas pour autant entre des colons aussi dissemblables. Il faut mettre à leur tête un gouverneur de qualité.

Le président de la cour d'appel.

Champions de cricket à Montserrat.

Roume de Saint-Laurent s'y emploie : il obtient de Madrid l'envoi de don José Chacon, ancien officier de marine, qui est un homme plein de finesse et de sagacité, en même temps qu'un excellent administrateur.
Les nouveaux colons sont accueillis avec affabilité. On leur distribue des terres fertiles et une avance sur le compte des deniers publics pour acheter semences, bétail et instruments agricoles. En même temps, don José assouplit le commerce encore davantage, assurant ainsi les commerçants d'une pleine liberté pour leurs transactions. L'un de ses premiers actes est aussi d'empêcher l'établissement de l'Inquisition dans sa colonie et de mettre à la tête du clergé don José Angeles, un ecclésiastique éclairé et tolérant. L'aspect de l'île change rapidement. Là où l'on ne voyait jadis que quelques misérables huttes de pêcheurs recouvertes de palmes surgit, entre 1787 et 1791, une cité solidement construite.
Le port, particulièrement bien conçu et commode, deviendra l'un des meilleurs des Antilles. La métropole lui donne le nom de « Port of Spain ».
Cependant, l'île n'est défendue que par un seul régiment de 200 hommes, et le gouverneur ne veut pas armer les Noirs et les mulâtres, dont on craint toujours qu'ils ne retournent leurs armes contre ceux qui les ont armés. Or, depuis le traité de San Ildefonso du 19 août 1796, les Anglais sont en guerre avec l'Espagne. Ils convoitent l'île de la Trinité. Elle leur paraît, grâce aux bons soins de Roume de Saint-Laurent, un fruit suffisamment mûr pour être cueilli.

Le coiffeur, dans une rue de Port of Spain.

Somptueuse maison de Port of Spain.

« Tout est perdu »

Le 16 février 1797, le contre-amiral Apodaca est ancré dans la rade de Chaguaramas avec une petite escadre de trois vaisseaux, dont un trois-ponts et une frégate de quatre canons. Soudain, on voit apparaître quatre navires de guerre anglais sous les ordres de l'amiral Harvey. Sans attendre de savoir si ces navires sont isolés ou s'ils constituent l'avant-garde d'une escadre plus importante, le contre-amiral Apodaca donne l'ordre de mettre le feu à ses trois vaisseaux, puis, raconte un Français qui assiste à la scène, tout en égrenant son chapelet, il se retire à Port of Spain, accompagné de ses aumôniers.
Le voyant arriver chez lui, le gouverneur s'écrie : « Eh bien! Tout est perdu, puisque vous avez mis le feu à vos vaisseaux! » Le contre-amiral répond en tirant une image de son porte-monnaie : « Non, tout n'est pas perdu, j'ai sauvé l'image de saint Jacques de Compostelle, mon saint patron et celui de mon bateau... » Deux jours plus tard, don José Chacon, la mort dans l'âme, devra capituler devant sir Ralph Abercromby, qui, après une canonnade de pure forme, débarque à Port of Spain avec 4 000 hommes. C'est ainsi que l'Espagne perdit l'île de la Trinité, qui devint colonie de la Couronne jusqu'en 1950.

Le marché flottant de Willemstad

Curaçao

Une explosion de couleurs vives : du bleu, du rose, du jaune, du vert, les maisons sont toutes différentes les unes des autres. C'est un peu inattendu dans cette partie du monde, mais le vice-amiral Kikkert, l'un des premiers gouverneurs des Antilles néerlandaises, souffrait de la réflexion de la lumière tropicale sur des murs blancs. Et il décréta, en 1817, qu'il n'y aurait plus de maisons blanches à Willemstad.

C'est ainsi que la capitale de Curaçao, la plus grande des îles néerlandaises Sous-le-Vent, a tout l'air d'une ville de conte de fées, malgré la présence de la monumentale raffinerie de la Shell, au fond de la baie.

Car, depuis longtemps, Curaçao ne vit plus du commerce des esclaves ni des exportations de *curaçao*, cette liqueur fabriquée à partir de l'écorce de l'orange amère, mais presque exclusivement du pétrole — depuis 1915, date à laquelle la Shell, société anglo-hollandaise, décida de profiter de la situation de l'île, si proche de la côte, pour y raffiner le pétrole du Venezuela.

Malgré son aspect pittoresque et assez extraordinaire aux Antilles, où il est inhabituel de trouver encore debout tant de maisons des XVIIe, XVIIIe et XIXe siècles, Willemstad est un port à vocation industrielle, qui a eu son mois de mai de contestation en 1969. Le 30 mai de cette année-là, en effet, les ouvriers de la raffinerie se sont mis en grève et, accompagnés d'une foule de sympathisants, ont marché sur les bâtiments officiels. La manifestation a bientôt tourné à l'émeute : il y a eu deux morts, des boutiques pillées, 33 maisons brûlées. On n'avais jamais vu pareille violence à Curaçao. Mais l'éducation hollandaise a du bon. Les jeunes filles de couleur qui, pendant l'émeute, avaient envahi les magasins et emporté tout ce qu'elles pouvaient saisir, rapportèrent d'elles-mêmes leur larcin, le lendemain, en s'excusant auprès des commerçants. Il s'agissait d'ailleurs d'un mouvement revendicatif et non d'une émeute raciale.

« Nous disons, remarquent les Hollandais, que règne ici l'égalité raciale. C'est facile à dire pour un Blanc, mais comme à Curaçao les Noirs le disent aussi, c'est sans doute la vérité. » Près de cinquante nationalités se côtoient et vivent, dans l'île, en parfaite intelligence. Au vrai, quand tout le monde est *étranger*, rien n'est plus étrange que l'idée de distinction raciale ou même de préjugé religieux. Curaçao est réputée pour sa tolérance : Noirs, Blancs, Orientaux, catholiques, juifs et protestants n'attachent aucune importance aux origines de leurs voisins et se marient entre eux sans que personne y trouve à redire.

« Queen Emma »

Et pourtant, malgré ce mélange de races et de croyances, ce sont les vieilles traditions africaines qui dominent. On les retrouve non seulement dans les coutumes, mais dans les contes et les chansons : *Di ki manera éééh... Di ki manera nos lo biba den e mundu aki...* (Dis-moi, oh! dis-moi, comment allons-nous vivre dans ce monde?). Le vieux refrain en *papiamento* rappelle que la Curaçao des XVIIe et XVIIIe siècles était le plus grand dépôt d'esclaves des Caraïbes. Mais c'est un passé lointain, et les étranges résonances du *tambu*, réminiscence des temps révolus, se font entendre plus que jamais à la veille du Nouvel An : « Enterrons les ennuis et la tristesse de l'année dernière dans la joie du tambu! » hurlent les Noirs en battant des mains...

Troisième port de transit du monde, le port de Willemstad est particulièrement actif. Mais les pétroliers et autres navires empruntant le Sint Anna Baai, l'étroit chenal qui fait communiquer la baie avec la mer, semblent traverser la ville à longueur de journée. Et quand ils passent, le trafic s'arrête entre Punda, le cœur de la cité, et Otrabanda (le quartier neuf de l'autre côté du chenal). Et cela pour une excellente raison : chaque fois que les deux moteurs Diesel de « Queen Emma » se mettent en mouvement et que s'ouvre l'énorme pont flottant de Willemstad, voitures, camions et autres moyens de transport s'arrêtent des deux côtés de l'eau pendant plus d'une demi-heure. Les piétons, seuls, ont de la chance : ils prennent un ferry qu'on met à leur disposition. Ces mêmes piétons devaient payer, autrefois, pour traverser « Queen Emma », et seuls, les indigents qui se présentaient les pieds nus avaient le droit de passer sans acquitter le péage. On dit, naturellement, que nombre de bons bourgeois hollandais n'hésitaient pas à ôter leurs chaussures aux abords du pont. A tel point qu'on fut obligé de supprimer le péage pour tout le monde. Mais il semble que le règne de « Queen Emma » soit sur le point de prendre fin. Les gens de Willemstad en ont assez de perdre leur temps, et l'on construit déjà un nouveau pont ultra-moderne, un peu au-delà.

Les cactus et les chèvres

Curaçao peut se glorifier d'un climat exceptionnel. Il n'y fait jamais trop chaud durant le jour, à cause des vents alizés, et les nuits sont presque toujours fraîches. Mais il y pleut si peu qu'on a longtemps risqué de manquer d'eau à Willemstad, avant de distiller l'eau de mer. Aujourd'hui, en revanche, l'eau obtenue est d'une telle pureté qu'il faut la rendre calcaire pour lui donner du goût.

Quitter Willemstad pour le *kunuku*, la campagne, c'est pénétrer dans le domaine des cactus et des chèvres. Des chèvres, il y en a plus de 10 000 dans cette île de 462 km². Qui les possède? Cela dépend des circonstances. Si l'on en écrase une, le premier *kunukero* venu vous dira que c'est à lui; mais si une chèvre dévore toutes les fleurs de votre jardin, allez donc en trouver le propriétaire!

Au-delà des cactus et des chèvres, il y a la forêt tropicale — sœur jumelle de la forêt vénézuélienne — et ces magnifiques plages qui sont, d'ailleurs, l'apanage des « A,B,C » — Aruba, Bonaire, Curaçao —, les trois îles Sous-le-Vent néerlandaises.

Vieilles maisons de style hollandais à Willemstad.

La vie quotidienne

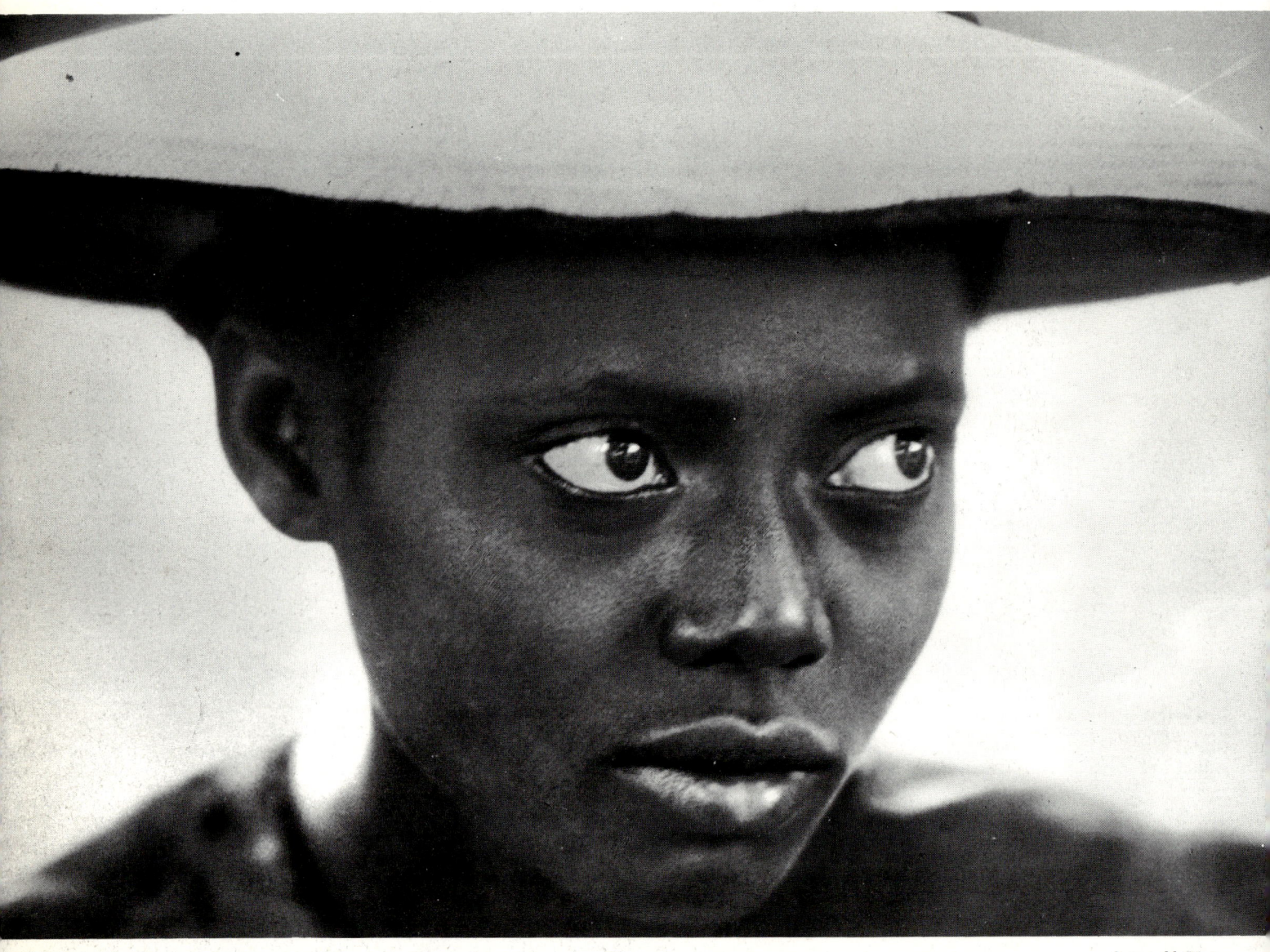

Jeune Haïtien.

De cet immense archipel caraïbe, si l'on s'intéresse d'un peu près aux mœurs et coutumes de ses habitants, on se demande s'il faut ramasser les morceaux pour tenter de les assembler comme un puzzle représentant la vie, ou bien casser le dessin pour en examiner chaque parcelle différente de sa voisine. Bien sûr, le soleil brille sur tout cela, générateur d'une certaine insouciance générale et communicative.

La pause de midi, par exemple, la sieste qui vide les rues des villes et couche sous les varangues des cases des centaines de milliers d'Antillais, offre un excellent dénominateur commun. Lequel n'a qu'un défaut, celui d'être un peu démodé : car aux Antilles, bon gré mal gré, il a bien fallu se mettre à travailler pour de bon, enfin presque, et voilà une image facile qui s'efface! De plus, si l'on veut bien compter jusqu'à 7 000, on obtient le total approximatif des îles de l'archipel antillais, dont les deux les plus éloignées l'une de l'autre, la Trinité et Grand-Cayman, sont distantes de près de 2 000 kilomètres. Entre ces deux extrêmes, le particularisme îlien jouant 7 000 fois, il serait bien imprudent, rhum et sieste exceptés, de déduire des généralités.

Cocktail antillais

D'autant plus qu'aux divisions de la géographie s'ajoutent jusqu'à l'imbroglio toutes celles qu'ont apportées l'histoire — races, langues, civilisations, niveaux de vie, régimes politiques —, et qui ne sont pas les moins fortes. Il suffit, par exemple, d'aéroport en aéroport, de constater que, si le policier et le douanier sont aussi noirs de peau à Saint-Vincent, à la Guadeloupe, à Curaçao, à Porto Rico parfois ou à Santo Domingo, c'est bien à des fonctionnaires anglais, français, hollandais, américains et hispano-américains que l'on est confronté : les Anglais, impeccables et courtois, en uniformes blancs immaculés; les Français, mal fagotés, képi sur la nuque, hilares ou pointilleux selon l'humeur du moment; les Hollandais, massifs, jaugeant votre compte en banque selon votre apparence; les Américains, superbement indifférents à tout ce qui n'est pas le règlement; et les Sud-Américains parlant déjà de « mañana » en attendant le pourboire que vous ne manquerez pas de leur donner. Cette constatation vaut pour bien d'autres formes quotidiennes d'une existence façonnée par les cinq métropoles qui ont laissé leur empreinte aux Antilles.

On mange mieux chez les Antillais français, on travaille plus chez les Hollandais, on s'habille le dimanche chez les Américains, on se saoule le samedi chez les Anglais, on dit « ma maison est la vôtre » chez les Espagnols, quitte à s'y enfermer dès qu'apparaît l'étranger. Tout cela en quatre langues différentes, sans compter le créole, dérivé du français, et l'incroyable *papiamento*, un sabir digne de la tour de Babel qui se parle du côté de Curaçao. On distingue même, dans certaines petites îles, des influences très surprenantes : la rectitude physique des habitants de Saint-Barthélemy, par exemple, leur amour un peu froid des maisons bien léchées leur viennent en droite ligne — bien qu'ils fussent purs Normands — des maîtres suédois qui occupèrent leur île pendant plus de cent ans, jusqu'en 1874! Et aux minuscules îles Turques (Turks), les jours de tempête, on donne congé aux enfants de l'école pour qu'ils puissent explorer les grèves à la recherche des vestiges d'un hypothétique naufrage, tout simplement parce que leurs ancêtres exercèrent pendant trois cents ans des talents redoutés de naufrageurs!

Jeunes femmes en promenade près de Santo Domingo (rép. Dom.).

Si tous les Antillais étaient noirs de peau, fils et filles de la lointaine Afrique — encore qu'il y ait un monde entre la journée d'une paysanne haïtienne qui marche pieds nus pendant douze heures vers les halles de Port-au-Prince avec 30 kilos de marchandise sur la tête et, 400 kilomètres plus au nord, celle d'une jeune Bahamienne en mini-jupe qui regagne sa voiture découverte après huit heures de travail dans un bureau bien climatisé —, s'ils étaient tous Afro-Antillais, nul doute que de leurs vies quotidiennes se dégagerait à la fin une certaine harmonie. Mais non! Car il y a des Antillais blancs, indiens de l'Inde, mulâtres, indiens d'Amérique, chinois, japonais même, les minorités ont déteint sur la masse et ont échangé des coutumes : l'Indien de l'Inde passe tous ses après-midi aux combats de coqs, que les esclaves noirs apprirent des Espagnols; l'Indien Caraïbe de la Dominique fredonne en créole, à la veillée, des chansons françaises du XVIIIe siècle; le sobre Chinois ne manque pas son punch du soir; le galopin jamaïquain lâche volontiers ses maracas pour une bonne batte de base-ball, et l'étudiant de la Barbade se croirait déshonoré sans toge noire comme à Oxford et calotte surmontée d'un carré...

Autant dire qu'il semble préférable d'essayer de ramasser les morceaux, mais pour mieux les examiner un par un.

Les derniers Caraïbes

A tout seigneur tout honneur! Voici les seuls maîtres légitimes de toutes les îles à l'est du Mexique. On les croyait tous morts, à la suite d'un génocide parfait. Il en reste une centaine, dans l'île magnifique et sauvage de la Dominique, au fond de la dernière réserve des derniers Caraïbes.

Chaque jour, devant sa cabane de planches disjointes, le roi François Ier Fernandoir reçoit les visiteurs encore peu nombreux, en tenant à la main le sceptre d'argent que la reine Victoria fit remettre à ses prédécesseurs. La reine mère étale quelques paniers à vendre. Le roi pose pour la photo, gentiment. On comprend que c'est nouveau pour lui et qu'il n'a pas eu le temps de fixer son prix. Pas de village. Mais, dans la forêt, sur les pentes des collines qui entourent le « palais », des maisons soigneusement isolées les unes des autres témoignent de l'individualité farouche d'un peuple qui fut indomptable ; on vous y recevra fort bien.

A les considérer, le roi et ses sujets, on se croirait transporté en Amazonie : visages asiatiques, cheveux plats d'un noir brillant, peau brun-jaune. Les Anglais protègent la réserve contre l'appétit des Noirs voisins. La réserve appartient en commun au peuple caraïbe, sujet direct de la reine d'Angleterre. Fort de cette suzeraineté royale, le peuple caraïbe défend la pureté de son sang par un racisme dirigé. Il accepte bien de le blanchir — vous pouvez en faire l'expérience facile — ou même de le jaunir si d'aventure se présente un visiteur asiatique, mais surtout pas de le noircir : une femme caraïbe qui épouse un Noir doit quitter la réserve, où elle perd tout droit.

Les Caraïbes ne parlent plus caraïbe. Seul un vieillard chante encore quelques chants très courts, dans cette langue devenue morte dont il ne comprend plus un mot, à part celui de « Grande Cayman », leur dieu oublié. Les Caraïbes parlent le créole français, de façon rudimentaire, car la Dominique fut française jusqu'au traité de Paris. L'anglais, point du tout. Ils n'ont gardé de leurs traditions qu'un sens

Une mère et sa fille à la Martinique.

Achat d'une langouste à Saint-Martin.

Transport en commun à Port-au-Prince, Haïti.

très sûr et très original de la vannerie, qui leur permet de survivre. Mais plus de poteries, plus d'armes, de costumes, de totems. Des canots en gommier sur lesquels leurs ancêtres écumaient la mer qui porte leur nom, il ne reste que deux ou trois qu'on trouve dans la forêt, où le dernier de leurs charpentiers les creuse au couteau. C'est un peuple moribond, mais qui revient du fond du malheur et qui ne mourra plus. Bien que son aspect soit encore désolant — enfants nus à gros ventre, cases misérables, absence totale d'argent, haillons, sous-alimentation —, il ne s'en dégage pas une impression de tristesse. Car dans la réserve, explique le roi, en anglais — qu'il est le seul à parler —, la population augmente de nouveau. Et au fur et à mesure que les travaux de la nouvelle route se poursuivent, quelques touristes arrivent, premiers clients d'une ébauche de commerce : on commence à manger à sa faim.

La route est là, maintenant! Les Caraïbes n'ont plus rien à perdre, et le tourisme ne peut plus rien tuer. Dans ce cas précis, il peut même tout sauver. Si, passant par la Dominique, vous entreprenez ce facile pèlerinage aux sources, pensez-y...

La république des Marrons

Une route modifie la vie, c'est un lieu commun, et cependant elle sauve les uns, elle perd les autres, mais là encore, tout est relatif... Dans une région sauvage et boisée de la Jamaïque, qui s'appelle la Cockpit Country, au bout d'une route très modérément carrossable, on tombe sur une pancarte maladroitement peinte : « Maintenant, vous entrez dans le territoire des Marrons. »

On appelait « marron », jadis, de l'espagnol *cimarron*, « sauvage », tout esclave révolté qui prenait le maquis. En 1738, sur cette même montagne de la Cockpit Country, le captain Cudjoe, général des nègres marrons, battit les troupes anglaises et obtint la liberté et l'indépendance pour tous ses compagnons d'armes, par un traité qui est encore en vigueur de nos jours et dont les derniers descendants des Marrons sont très fiers. La jeune république moderne de Jamaïque respecte l'intégrité de la minuscule république bicentenaire des Marrons, car le « marronnage », c'est l'honneur du Noir antillais.

La capitale, Accompong, n'est qu'un village d'une dizaine de cases, avec quelques autres cahutes misérables dissimulées dans les bananiers. Passe

Ci-dessus : famille créole à Saint-Barthélemy. A gauche : le colonel des Marrons, à la Jamaïque. Page de droite : en haut, fillettes de Saint Johns, Antigua ; en bas, double baptême à Fort-de-France, Martinique.

une vision extraordinaire, une vieille femme qui s'en va de maison en maison, un tison fumant à la main : la porteuse de feu! Parmi ces survivants d'une époque révolue, où les allumettes n'ont point cours, elle ranime les foyers du village. A elle seule, pour un temps, source de la vie quotidienne. Dans quel monde vit-elle? en quel siècle?

Un homme très digne, en uniforme pseudo-militaire, attend le visiteur. C'est le colonel des Marrons, successeur direct du captain Cudjoe, comme le pape est le successeur de saint Pierre. Les Marrons s'administrent eux-mêmes, ne payent pas d'impôts ni de taxes, exercent la police en toute souveraineté sur leur territoire. Le colonel présente ses adjoints, vieillards loqueteux au garde-à-vous devant leurs cahutes; un major, des capitaines, des lieutenants et sous-lieutenants, tous les mâles du village sont gradés. Ce sont eux qui élisent le colonel chef de l'État, élu à vie. Une armée pour rire, car personne n'est armé. La nature impénétrable suffisait à les défendre, et la route est relativement récente; ils n'en autorisèrent la construction que sous le règne de George V, jugeant qu'ils n'avaient plus rien à craindre. En un sens, ils eurent tort.

Quand la route apparut aux frontières du territoire des Marrons, certains parmi les plus curieux descendirent dans la plaine et s'aperçurent que le monde avait changé. On ne les vit jamais revenir, engagés comme ouvriers agricoles ou d'industries. D'autres les rejoignirent, toujours plus nombreux au fur et à mesure que la route avançait. Deux de leurs villes, dont Maroontown, l'ancienne capitale, désertées, furent absorbées par la civilisation. Enfin, après trente années de cheminement, la route atteignit le dernier refuge, tandis que s'implantait dans la vallée la plus proche un complexe industriel d'extraction et de traitement de la bauxite. Pendant ce même temps, la population de la république libre était passée de 30 000 âmes... à 150.

« Ils sont tous là-bas, dit le colonel. Ils ne remontent plus jamais jusqu'ici, on ne les reverra plus. Quand la sirène de l'usine commande, en bas, ils travaillent. Quand elle leur commande de manger, ils mangent. Quand elle leur commande de dormir, ils dorment. Ils gagnent de l'argent. Ils paient des impôts et ne veulent plus s'appeler « Marrons »... »

Et voilà! Les 150 derniers mourront peu à peu, bêtement. Ils mourront libres à leur façon, pour une cause perdue, pour une idée fantôme. On n'arrête pas le progrès, dont chacun d'entre nous, aujourd'hui, commence à s'épouvanter. Mais il faut avouer qu'au début, tout de même, les allumettes, c'est très commode...

Tribus blanches

Aux Antilles, certains modes de vie, certains particularismes ont la vie dure, car l'homme s'y reconnaît en harmonie avec lui-même, tandis que d'autres collectivités ne représentent plus rien qu'une main-d'œuvre, faute d'avoir su — ou pu — préserver leur intégrité. Beaucoup moins nombreux, les Blancs des temps anciens ont peut-être mieux résisté. Je parlais tout à l'heure des habitants des îles Turques, fils de naufrageurs assagis. Mais si grande est la force du passé qu'elle les maintient ancrés à leurs rivages, végétant mais sombrement heureux, dans leurs maisons de pierre grise où ils vous montrent avec orgueil tout ce que la mer apporta en fait de coffres, de pièces d'argent, compas de cuivre, armes ouvragées... Sans doute leurs petits-fils s'établiront-ils antiquaires, quand la vague touristique qui a submergé les Bahamas viendra les engloutir à leur tour.

Aux Bahamas, cependant, groupés

Les frères Aubin, peintres naïfs haïtiens.

dans quelques villages perdus sur des îles excentriques, des Blancs continuent chaque jour de prendre le thé de 5 heures. Aux frontons de leurs maisons basses, des plaques proclament orgueilleusement une date, toujours la même : 1783. Ces personnages portent veston, col amidonné et cravate sévère, les femmes des robes de toile assez longues agrémentées de dentelles, des bas de fil et des chaussures à boucle. Le portrait de la reine d'Angleterre trône dans chaque salon, entre deux fauteuils vernis à bascule, au-dessus d'un guéridon à napperon brodé. Anglais? Non pas. Purs Américains de très vieille souche, mais d'une espèce fort rare : Américains loyaux, ainsi qu'ils se nomment eux-mêmes. Lors de l'indépendance des États-Unis, leurs aïeux, fidèles au souverain britannique, refusèrent de reconnaître la république de Washington et émigrèrent vers le territoire anglais le plus proche, jusqu'au retour espéré de l'ordre établi. Ils attendent toujours. A la même heure, 1 000 kilomètres vers l'est-sud-est, les Hollandais de la petite île de Saba, perchés sur les flancs de leur volcan depuis le XVIIe siècle, prennent également le thé, au frais

Ramassage des filets à Soufrière, Sainte-Lucie.

Mariage à la campagne, à Haïti.

dans leurs petits jardins, au milieu d'un décor étrange. Des enfants sont assis sur des pierres tombales. Parmi les fleurs, le sucrier et la théière sont posés sur une autre tombe. Depuis trois siècles, les ancêtres dorment là, enterrés sous les fenêtres de chaque maison, si bien qu'ils n'ont jamais quitté les vivants, lesquels, à leur tour, n'auront pas peur de mourir, puisque chaque soir, à l'heure du thé, tous sont réunis.
Non loin de là, à Saint-Barthélemy, c'est inlassablement que d'autres Blancs élèvent ou réparent des murettes de pierres parfaites qui font d'eux, par atavisme, les meilleurs maçons des Antilles. Chaque propriété, chaque champ, chaque chemin est soigneusement clos. On ne marche jamais plus de cinq minutes, en fin d'après-midi, sans apercevoir un Saint-Bart, truelle à la main, en train de fignoler amoureusement un mur. Comme ça, le soir, après le travail, comme d'autres tondent leur gazon ou coupent leurs rosiers. Tout le paysage saint-barthois apparaît comme un damier irrégulier de murettes gris et brun, où se lisent le cadastre et l'instinct de propriété. On se croirait en Normandie. On y est : les Saint-Bar sont Normands.
Tout différents sont les Blancs-Matignon, isolés dans les Grands-Fonds de la Guadeloupe, non loin de la ville du Moule. Plus pauvres que les plus pauvres des paysans noirs qui les entourent, ils vivent oubliés, méprisés par tous, Blancs et Noirs. Le spectacle de leur existence serre le cœur : une misère d'une dignité extrême, qui ne se plaint pas, qui ne demande rien. Leur histoire est étrange : on les dit descendants d'aristocrates déchus sous la Révolution, réfugiés dans les Grands-Fonds pour

Enterrement à Anguilla.

fuir la guillotine, qui fut plus expéditive encore à la Guadeloupe qu'en France. Matignon, ou de Matignon, descendants collatéraux des comtes bretons de Matignon, petits-cousins probables du prince Rainier de Monaco. D'après la tradition, d'autres descendraient des Montmorency. Aristocrates ruinés, dévoyés, déclassés, dégénérés parce que se mariant entre eux et refusant le métissage, par fierté et fidélité au passé, ils sont encore 400. Et l'un des chefs de clan, dans un français archaïque et parfait, vous apprend que le grand-père de son père racontait que sur le morne, là-bas, il y avait une jolie maison où l'on se rendait en « dogon » (dog-cart?)... Les Blancs-Matignon vivent de souvenirs. Plus que les bananes de leurs maigres plantations, les souvenirs les aident à survivre.

Tribus foncées

Des Indiens de l'Inde, en Martinique! En Guadeloupe! Par colonies géographiquement groupées. Faciles à reconnaître, bien qu'ils aient abandonné, même les jours de fête, leurs vêtements nationaux. Cheveux noirs et lisses, profils de bas-relief, avec des yeux brillants magnifiques, ce sont bien les fils antillais de Çiva. On se demande ce qu'ils font là, parfois réunis le dimanche au fond de quelque plantation, autour d'un petit dieu qui ressemble vaguement à l'éléphant Ganesh, dieu de l'Argent et du Commerce, et d'une espèce de prêtre, debout sur le fil d'un sabre, qui s'imagine prédire l'avenir dans une langue que personne ne comprend, à commencer par lui.

Il y a un peu plus de cent ans, à l'abolition de l'esclavage aux Antilles françaises, il fallut importer pour travailler dans les champs d'autres esclaves soi-disant libres, qu'on alla chercher en Inde. Ce sont leurs descendants qui essayent aujourd'hui de se souvenir, et qui se souviennent assez mal : ces fils lointains de l'Inde, où le respect de la vie animale est sacré, égorgent joyeusement poulets et moutons, au sabre d'abordage, dans un déluge de sang. Au demeurant, les gens les plus aimables du monde, parlant créole, amis des Noirs mais se mariant entre eux. Leur vie se passe à bêcher leurs jardins, à surveiller leurs légumes et leurs fruits. Ce sont les seuls maraîchers des Antilles, car ils ne craignent pas de se baisser vers la terre. Si les tomates et la salade viennent parfois très bien aux Petites Antilles, autrement que par cargos depuis la métropole, c'est aux seuls Indiens qu'on le doit.

A la Trinité (Trinidad), par contre, ex-colonie anglaise aujourd'hui indépendante, les Indiens ne se baissent pas vers la terre, mais tiennent les postes clés, jusqu'à celui de Premier ministre. Fidèles, ils n'ont cependant rien oublié, rien renié; ils ont tout apporté avec eux, depuis la mère patrie, hormis les éléphants et les vaches sacrées. Prépondérants, à Port of Spain, la capitale, ils lui ont imprimé leur marque. Partout, des femmes en sari, des Sikhs barbus et armés à la porte des banques, des enseignes tarabiscotées, des temples blancs aux vastes coupoles d'où s'échappent en toutes occasions des vapeurs d'encens, et cette ambiance de ruche laborieuse qui étonne beaucoup à Port of Spain, car on peut dire tout ce que l'on voudra de la plupart des villes antillaises, à condition de ne jamais confondre animation avec activité. Tout à fait étonnant! On se demande si la mer Caraïbe baigne réellement les côtes de la Trinité. Certes, il y a le carnaval, célèbre dans toutes les Antilles, au même titre que celui de Fort-de-France. Mais Nice n'est pas antillaise non plus, cela ne l'empêche pas de faire semblant de s'amuser, le mardi gras...

Restent les Pakistanais, plus sévères, plus durs, debout dix-huit heures sur vingt-quatre derrière les tiroirs-caisses de leurs boutiques de souvenirs et de bijoux fantaisie. De la Jamaïque à la

Trinité, on les retrouve dans toutes les îles, centaines de jumeaux vendant une marchandise identique, généralement fabriquée à Hongkong, Singapour et Karachi. Qu'ils fassent leurs affaires — et fort bien! — semble parfaitement incroyable. C'est tout à l'honneur de leur sens commercial. A défaut de goût, et dans le plus parfait mépris des véritables artisanats locaux, ils ont imposé leur style de bazar à des millions de touristes, qui s'imaginent que c'est ça, l'art antillais! Personne ne sait comment ils vivent, dans leurs arrière-boutiques, fils discrets d'une nation occulte : le Pakistan des Antilles. Sans doute mangent-ils d'une seule main, et sans fourchette, leur curry de mouton national, tandis que l'autre main compte inlassablement la recette du jour.

La rue principale de Bridgetown, à la Barbade.

Un mot, enfin, de la plus étrange des tribus, celle des « Ras-Tafaris », à la Jamaïque. Peu nombreux, environ 30 000, ils semblent pourtant omniprésents, tant leur aspect extérieur tranche sur le reste de la population noire : ils refusent de se laver ou de se laisser couper les cheveux, qu'ils ont à la fois longs et crépus; ils s'habillent de haillons infects et vivent d'une sorte de mendicité agressive qui s'apparente plutôt à du banditisme de trottoir. Mieux vaut d'ailleurs s'en méfier comme de la peste. Mais ce ne sont pas des bandits, des fanatiques plutôt, adeptes d'une croyance étrange : le Ras-Tafari est le dieu vivant, les Noirs constituent la race élue, et l'Afrique est la terre promise. Or, il y a trois ans, justement, voilà que le dieu vivant se présenta lui-même à Kingston, en visite officielle,

Un parlementaire indien et ses enfants, à la Trinité.

et fort embarrassé de l'adoration violente dont il fut l'objet de la part de milliers de loqueteux hirsutes et puants : c'était l'empereur d'Éthiopie, Haïlé Sélassié, plus connu avant son couronnement sous le nom de ras Tafari!

Planteurs, seigneurs d'antan

Peut-être, avec les Indiens Caraïbes, sont-ils les seuls vrais Antillais. Car depuis les métropoles d'Europe, au XVIIe siècle, ils vinrent ici de leur plein gré. Et de génération en génération, installés sur la terre des îles et en vivant largement, ils en vinrent à la considérer comme leur bien de droit divin, jusqu'à s'identifier complètement à elle, jusqu'à la défendre contre les empiétements populaires avec une telle vigueur que — Cuba excepté — l'on trouve encore dans toutes les îles quelques-uns de ces grands seigneurs d'antan, les planteurs blancs : Espagnols de Saint-Domingue et de Porto Rico, fiers de leurs chevaux et des chapelles

Coin de rue dans un village de la république Dominicaine.

privées de leurs palais; aristocrates français de la Martinique ou de la Trinité; gentlemen titrés de la Jamaïque, toujours entourés d'un respect affectueux. Qui n'a pas vu, par exemple, dans leurs manoirs bicentenaires — lustres de cristal, vaisselle d'argent massif, meubles en acajou indestructible, fleurs rares dans tous les vases —, quelques-uns de ces seigneurs anglais de la Jamaïque, d'une extrême distinction britannique, d'une politesse sans faille avec leurs employés noirs, d'une courtoisie sans égale avec l'étranger de passage, n'aura jamais la moindre idée de ce que fut cette race étonnante, jadis maîtresse des îles.

Je dis *race*, car au fil des siècles on peut dire qu'elle l'est devenue, race très typée, jalousement exclusive, dont les « Békés » de la Martinique, par exemple, représentent la parfaite illustration. On les dit racistes parce qu'ils se marient entre eux, parce qu'ils se reçoivent entre eux, qu'ils ne s'aiment qu'entre eux, et c'est pourquoi beaucoup les détestent, parce qu'ils tiennent un compte maniaque de leurs généalogies communes pour en rejeter sans pitié tout individu dont la blancheur de peau soulèverait quelque doute. Combien sont-ils, dans leurs vastes maisons aux allures de château, qu'on appelle là-bas des « habitations »? Environ 3 000. Et, pour beaucoup, isolés sur leurs terres, fabriquant leur rhum et leur sucre blond, fermant les yeux à l'avenir pour pouvoir vivre pleinement les dernières années d'un passé qui dura quatre siècles, et qui leur plaisait.

La maison de bois est ravissante, immense, fraîche, entièrement entourée d'une large véranda. Avec son allée plantée de cocotiers royaux, les champs de canne qui l'entourent, le singe dans sa cage et les employés noirs au travail, coiffés de chapeaux de paille, on la croirait découpée dans une fresque murale exotique intitulée « la Maison d'un seigneur aux Isles ». Les quelque vingt pièces présentent un ensemble unique de meubles coloniaux admirables, dont le plus petit suffirait à encombrer un « living-room » à l'échelle moderne. Dans les énormes lits à colonnes et baldaquin, on peut respirer à l'aise sous la moustiquaire, ce qui est capital en ces climats. De la bibliothèque où s'alignent tant de livres rares sur l'histoire des Antilles, on voit la masse noire de l'usine à sucre, vétuste mais encore debout, broyant sans trop de pannes des milliers de tonnes de cannes. Ça tiendra ce que ça tiendra, mieux vaut ne pas trop investir. On entend aussi le bruit des charrois sur la route, camions ou chars à bœufs des petits planteurs voisins qui apportent leurs cannes au moulin.

On se lève tôt : 5 heures. Le personnel est déjà debout : cuisinière, femme de chambre, jardinier, maître d'hôtel, intendant, tous respectueux et amicaux. En dépit de la couleur de sa peau, ici, on sent que le maître est aimé, que cela lui fait plaisir d'être aimé et que personne ne crache dans sa soupe. Sa soupe, justement, le matin, c'est souvent le manioc local, délayé à l'huile et arrosé de citron vert : il adore ça. Après quoi, au travail! Certes, on nage en plein paternalisme! Le maître veille à tout, a un mot aimable pour chacun et est par chacun salué par son nom, discute au pied des machines avec ses contremaîtres comme s'il s'agissait d'une affaire de famille, fait les comptes avec ses gérants, eux debout, lui assis, et personne ne s'en étonne, assiste à la paye, légifère en créole, qu'il parle parfaitement. En un mot, il règne et ça lui plaît. Pas pour longtemps, mais il le sait.

L'imagerie classique, c'est au soir qu'elle trouve son couronnement, sous la véranda où le planteur, enfin, ressemble à l'idée qu'on s'en fait : un punch glacé dans une main, que sa femme lui a préparé dès qu'elle l'a entendu rentrer, un cigare dans l'autre, le voilà qui se balance dans son grand fauteuil à bascule, tandis que le vent frais du large balaye tous les soucis et annonce que, ce soir encore, la vie est belle...

Salons à Port-au-Prince

Mais de Blancs à Noirs, ou à mulâtres, bien souvent, la différence sociale est nulle. Après quatre siècles de présence aux Antilles, l'Occident a laissé des traces si profondes dans la « bonne société » de couleur que la voici maintenant totalement occidentale. C'est pourquoi il faut déplorer les barrières qui s'élèvent comme celles que les « Békés », par exemple, dressent jalousement autour de leur vie privée. Dans toutes les îles, on rencontre des gentlemen noirs, des gens de bonne compagnie, qui vous réconcilient avec la culture occidentale si, d'aventure, elle vous pesait. Hommes politiques, professions libérales, hauts fonctionnaires, toujours souriants, tolérants, depuis le sénateur majestueux des Antilles françaises jusqu'au juge à perruque des Antilles anglaises, sans oublier, à la frange de l'archipel, des personnages aussi admirablement achevés que les capitaines de goélette presbytériens d'Anguilla, par exemple, ou bien les aides de camp à monocle de son Excellence le gouverneur des Bahamas.

C'est à Port-au-Prince, capitale de la république d'Haïti, qu'on trouve la quintessence, le symbole parfait de cette nouvelle classe sociale. Il est vrai qu'elle possède une sérieuse avance sur ses pareilles des autres îles, dans ce pays indépendant depuis 1804. Le roi Christophe et plus tard l'empereur Soulouque, contemporain de Napoléon III, avaient créé des ducs, des princes, des barons, des dignitaires privilégiés. Et le temps a passé, apportant ce naturel si rare qui fait les vrais aristocrates, les vrais notables, une véritable élite. Lorsqu'on pénètre dans la société de Port-au-Prince, on admire la vivacité d'esprit et la grande culture de tous ces gens à peau sombre qui s'expriment en français. Combien de fois ai-je remarqué, dans un salon ou dans un autre, à n'importe quel dîner, à quel point mes interlocuteurs étaient intellectuellement supérieurs à nos bourgeois parisiens, lesquels ne peuvent plus prononcer trois phrases un peu

Jeune Haïtienne au marché.

abstraites sans se réfugier aussitôt dans le matérialisme le plus ordinaire, week-ends, chasse, affaires, vacances, chiens, voiture, etc. Les femmes, surtout les femmes de ces Haïtiens-là, surprennent. Le niveau élevé de leur conversation, par comparaison, ravale celle de beaucoup de nos femmes à un jacassement inutile et bruyant. Tout cela prend parfois un ton de salon littéraire, et l'on s'aperçoit, à les écouter, que ce n'est ni ridicule ni démodé. J'y ai entendu dire des poèmes de façon charmante, inventer des épigrammes ou des acrostiches, se battre courtoisement à coups de citations, lire des pièces de théâtre entre amis, chacun tenant son rôle, ou simplement parler, mais toujours intelligemment, comme des gens de goût qui font de la musique, mais avec des mots. Il y a là un climat incomparable, c'est certain.

La presse haïtienne, notamment, tient sa partie de façon qui surprend agréablement. Je ne parle pas de sa liberté politique, qui est nulle, mais du nombre considérable de ses chro-

Débarquement difficile dans la petite île de Saba.

99

niques et rubriques, dont pourraient s'enorgueillir beaucoup de nos grands quotidiens. La chronique d'Aubelin Jolicœur — « soiriste » haïtien mondialement connu et immortalisé par Graham Greene sous le nom de Petitpierre dans son roman les Comédiens — est d'une lecture significative : fêtes, grands mariages, bals, réceptions dans les grands hôtels, théâtre, déplacements, petits dîners et grands cocktails, une vie quotidienne bien remplie, sur un fond de villas californiennes, de piscines, de Cadillac fraîchement importées, de smokings et de bijoux, de robes neuves, surtout des robes neuves, puisqu'une Haïtienne de la bonne société se croirait déshonorée si elle montrait deux fois la même robe!

Mais, au bout du compte, quelle vaine élégance, quel isolement au milieu de quatre millions de paysans misérables et illettrés.

Les haillons de la dignité

Car à l'autre bout de l'échelle sociale, voici le « nègre » taillable et corvéable. Le visiteur des Antilles ne doit pas oublier qu'en dépit d'une infrastructure hôtelière et touristique souvent luxueuse la plupart de ces îles caraïbes sont toujours à classer dans la catégorie humiliée des pays « sous-développés ». S'il regarde bien, et ce n'est pas difficile, il s'apercevra que le « nègre » est partout, en Guadeloupe comme en république Dominicaine, jusqu'aux Bahamas pourries d'argent et même à Curaçao, l'insolente Hollandaise où flotte l'odeur du pétrole-roi des raffineries géantes. Mais, là aussi, Haïti s'offre le redoutable honneur d'engendrer le « nègre » symbole. Et quand j'écris « nègre », qu'on me comprenne : c'est justement pour témoigner amitié et respect. En créole, « nègre » s'emploie pour « homme ». Un nègre, c'est simplement un homme. « O ma négresse bien-aimée! » dit le paysan haïtien à sa promise, et comme c'est joli!

Le voici : on peut compter ses côtes sur son dos incliné jusqu'à la terre qu'il sarcle avec une houe. Ses jambes sont couvertes de cicatrices : avitaminose. A travers le maïs encore bas, on aperçoit l'un de ses pieds nus, énorme, étalé en éventail, couvert d'une croûte épaisse de cals et de boue séchée. On peut compter aussi les gouttes de sueur qui coulent de son front penché et qui rappellent qu'un Blanc ne doit jamais oublier la chaleur accablante des champs avant de porter un jugement sur le travail du Noir des tropiques. Le vêtement qu'il porte mérite une extrême attention. La chemise n'a plus qu'un demi-pan sur le devant et un quart de pan sur le dos, maintenus aux épaules par deux bretelles effilochées qui sont les vestiges des manches. L'encolure, les épaulières, les côtés, tout a disparu en plus de mille lavages. Car le haillon est propre. Au bord de tous les drains et rivières d'Haïti, on voit des Noirs innombrables frotter des linges informes. Propre aussi le pantalon retenu par une ficelle, qui ne couvre plus que le sexe, la raie des fesses et la moitié d'un genou. C'est un Noir habillé nu. Je vous prie de mesurer la nuance. Ce vêtement gruyère, d'une blancheur émouvante tachant le noir de la peau, ne lui sert strictement à rien, ne le protège contre rien et ne cache rien. Alors pourquoi le porte-t-il? Parce que telle est sa dignité.

Si l'on veut essayer de comprendre et donc d'estimer le paysan haïtien, et par voie de conséquence la moitié du peuple antillais, il ne faut jamais perdre de vue cette notion essentielle

Tailleur à Jacmel, Haïti.

Coupe de cheveux à Anguilla.

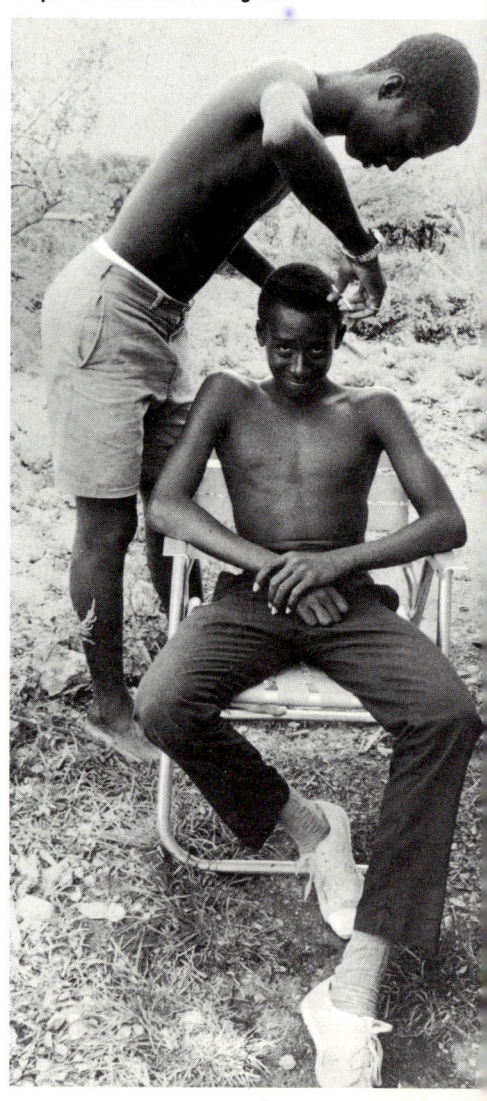

de la dignité. On la trouve aussi dans l'âpre attachement qu'il porte à sa terre minuscule et si exiguë, quand il en est propriétaire. S'il la perd, il n'est plus qu'un « vagabond sans aveu », expression passée telle quelle dans la langue créole. C'est pourquoi l'Antillais français, par exemple, ouvrier agricole sur de grands domaines, appelle de tous ses vœux un poste quelconque de facteur, d'employé de mairie ou de cantonnier du département, parce que l'appartenance à la Fonction publique lui restitue sa dignité perdue.

Cette hantise de la dignité atteint des proportions telles qu'elle en devient parfois un véritable fléau économique. Les dépenses occasionnées par les funérailles ou les mariages peuvent grever le budget d'un paysan pour dix ans. Tout y passe, économies et emprunts, l'argent des engrais, des semences, des outils indispensables, on vend même un bout de son champ pour accéder, ne fût-ce qu'une journée, à la dignité plénière de l'homme. Car on se marie à grands frais ou pas du tout. Ce qui n'empêche pas de se mettre en ménage et d'avoir beaucoup d'enfants, quitte à se marier plus tard, quand on aura un peu d'argent.

Et devant les cases au toit de chaume, impeccablement balayées mais rigoureusement vides, sauf quelques objets usuels, à tel point que leur dénuement revêt une rigueur presque japonaise, des chaises sont toujours alignées : pour montrer à tous que l'on n'est pas une bête. Aux Antilles françaises ou anglaises, cette affirmation se retrouve, même si l'on a plus de moyens. La case reste la case, un peu plus encombrée peut-être et couverte de tôle ondulée, mais la télévision est là. Elle a même souvent précédé l'électricité! Puis l'automobile, qui vaut certainement beaucoup plus cher que la case et son mobilier, et pour laquelle on a tout sacrifié. Ne jugeons pas. C'est encore et toujours le prix de la dignité.

Les Antilles au féminin

Certains pays sont masculins, la Turquie par exemple, ou bien le Japon, ou l'Allemagne. L'homme est partout, il donne le ton. Aux Antilles, ne disons pas que la femme est reine, ce qui serait un grossier contresens, mais plutôt qu'elle est présente dans toutes les circonstances de la vie, à toutes les heures de la journée, en tous lieux, et avec cela extrêmement vive, bavarde, mobile, sociable. On ne voit plus qu'elle. D'une île à l'autre, c'est toujours la même nuée féminine qui offre,

L'heure du punch à la Martinique.

n'en doutons pas, l'un des plus grands charmes des Antilles. Je ne sais plus dans quelle île — peu importe — j'ai demandé à une jeune Antillaise, mère de cinq beaux enfants parfaitement heureux, pourquoi elle ne se mariait pas : « Merci non! Surtout pas! me dit-elle en riant. Un mari! Mais il faudrait que je m'en occupe! Ce ne serait qu'un enfant de plus! » Je lui laisse évidemment la responsabilité de ce jugement, par lequel on comprend peut-être mieux pourquoi les Antilles apparaissent féminines.

Certes, d'une île à l'autre on perçoit d'énormes différences. L'Antillaise de la ville — Pointe-à-Pitre, Kingston ou Willemstad —, surtout lorsqu'elle est jeune, fait preuve d'une élégance extrêmement sûre et tout à fait moderne. La robe d'été en toutes saisons, couleurs vives sur teint foncé, voilà qui lui va parfaitement, et elle le sait. Aux heures d'affluence, dans les rues des villes, on peut compter par centaines les occasions de se retourner. Fort curieusement, cette coquetterie nouvelle et de bon aloi fournit l'arme principale contre ce fléau antillais qu'est la démographie galopante. Ces grandes et belles filles, bien en chair, éclatantes, portant admirablement la toilette, entendent soigner leur physique le plus longtemps possible, et pour cela s'efforcent d'avoir moins d'enfants. C'est parfois difficile, on aime tant les enfants aux Antilles, et les hommes sont si entreprenants, mais ces Antillaises-là gagnent peu à peu la partie. D'autant plus que, très souvent, ce sont elles qui tiennent les cordons de la bourse, et avec une âpreté qui en dit long sur leur sens des responsabilités.

Chez les Antillaises de la campagne, ou bien du petit peuple, ce genre de mutation commence à peine. On nage encore en plein folklore. Mais, à leur façon, quelles femmes extraordinaires! Leur rire, par exemple, est un défi permanent. C'est au bord des rivières qu'il faut aller l'entendre, à la rivière Madame en Martinique, sur l'Artibonite d'Haïti ou près de toutes les cascades de la Dominique, rire des lavandières qui couvre le bruit de l'eau sur les rochers et qui témoigne d'un entrain

101

L'heure du repas, à la Martinique.

prodigieux à empoigner l'existence. Beaucoup sont belles, d'une beauté de caryatides. Les taches de couleur de leurs robes — longues sur les marchés de la Martinique, courtes en Haïti — et les foulards noués sur leurs cheveux éclairent toutes les campagnes. Sur les marchés, leur compétence commerciale est proverbiale. D'acheteuse à vendeuse, une transaction peut durer une demi-heure pour un enjeu de quelques petits francs, et le goût africain de la palabre en est moins le motif que le sens de la valeur de l'argent. D'ailleurs, à elles seules, elles représentent souvent tout le commerce de détail des campagnes et des marchés, plaçant leur modeste capital dans des combinaisons commerciales qui leur demandent des trésors d'ingéniosité et, dans certaines îles, des efforts physiques immenses. Paresseuses, ces femmes-là ? Allons donc !

Les rapports avec l'au-delà

Gardiennes des champs ou de la boutique, de la maison, de la famille et du porte-monnaie, du mari ou même, parfois, des pères différents de leurs enfants, aux prises avec les difficultés quotidiennes de l'existence, elles entretiennent avec l'au-delà des rapports continus et très personnels. Et cela dans toutes les classes de la société. En Haïti, on m'a cité l'exemple de l'une des meilleures familles de Port-au-Prince — diplomates, généraux, ministres, médecins, professeurs d'université — qui se réunit régulièrement dans la cour intérieure de la maison natale pour invoquer les divinités du vaudou : lesquelles répondent uniquement à l'appel du houngan (prêtre) familial, qui n'est autre qu'une très vieille dame extrêmement respectable et distinguée, une sorte de grand-mère patriarche! A la Martinique, je manque de détails sur les sorciers quimboiseurs que consultent un grand nombre de dames, mais les implorations du vendredi saint, par exemple, sur le chemin de croix de la colline qui domine Fort-de-France, sont extrêmement éloquentes. Des femmes de toutes origines sociales viennent y faire leurs dévotions, à haute voix et sans complexe. Dieu les entendra peut-être. Comme il prête attention aux prophétesses étranges d'une secte protestante de l'île d'Anguilla, robustes et saines maîtresses femmes, chapeautées à l'anglaise de fleurs et de rubans, qui parcourent l'île en battant du tambour et en soufflant dans des trompettes dès que le diable, disent-elles, s'empare de leurs époux : devant ce tintamarre, le diable se sauve et les hommes se terrent en prenant de bonnes résolutions. Enfin, d'après ce que j'ai vu, Dieu entend sûrement, à moins d'être sourd, chaque 25 juillet, dans le petit village de montagne de Saut-d'Eau, en Haïti, la foule féminine immense venue de tous les coins du pays, à genoux dans la boue, paumes levées vers le ciel, qui improvise plusieurs heures de suite, avec des accents à vous briser le cœur, une longue complainte chantée à l'adresse de la Vierge de Saut-d'Eau et de la déesse locale Aïda-Ouédo, confondues dans une même foi.

Les femmes des Antilles ? Moteur et centre de la vie. Son agrément aussi. Ce qui fait, au total, bien des qualités.

Sauver son âme

Au bout du compte, si l'on excepte certaines minorités puissantes ou originales, et aussi le bloc compact des Haïtiens du peuple, étrangers à tout progrès en dépit des siècles écoulés, la majorité des Antillais, noirs ou mulâtres — encore qu'on puisse épiloguer sans fin sur les nuances de peau génératrices de classes sociales et de rivalités internes —, qu'ils soient de culture anglaise, française, hollandaise, américaine ou espagnole, ou bien encore qu'ils défendent ce qu'ils appellent non sans motifs la « culture » antillaise, donc armés différemment en dépit d'une origine commune, confrontés qu'ils sont depuis peu avec la civilisation moderne et industrielle qui vient battre vigoureusement leurs aimables rivages, tous ces Antillais-là, dans leur vie de tous les jours, dans leurs pensées, leurs espoirs et leur raisonnement, tous sont saisis de l'impression confuse de perdre leur âme propre avant même de l'avoir retrouvée. L'importance énorme qu'ils donnent à la danse, par exemple, semble hors de proportion avec le rôle réel qu'elle joue dans leur existence, aux bals de campagne ou aux dancings des villes, le samedi soir et le dimanche simplement, comme dans bien d'autres pays. La biguine des Antilles françaises ou bien le calypso de la Jamaïque et de la Trinité deviennent une communion collective, une sorte d'hymne national dansé où s'affirme, face à l'Occident, l'idée nouvelle d'une patrie antillaise fondée sur la couleur de la peau autant que sur la terre des îles. Chez les jeunes Guadeloupéens et Martiniquais notamment, citoyens français mais diversement satisfaits de l'être, les rythmes de la biguine charrient à grands flots puissants des pensées secrètes et des aspirations inavouées. Le Blanc qui n'apprécie pas la biguine est convaincu du crime de lèse-biguine, tout comme s'il se couvrait ostensiblement pendant l'exécution d'un hymne national. S'affirment de la même façon, en face des États-Unis, les jeunes Portoricains, pourtant citoyens américains. Tous, ils vous diront eux-mêmes qu'ainsi s'exprime leur âme propre, brimée au cours des siècles, et qu'il n'existe pour eux pas encore d'autres moyens de l'affirmer. Parallèlement, on doit remarquer la désapprobation de moins en moins dissimulée à l'égard des mariages « domino » (blanc et noir).

La défense énergique de la langue créole, dans toute l'ancienne zone coloniale des rois de France, relève du même sauvetage des âmes. Jadis langue des esclaves, elle appartient maintenant en propre à des hommes libres, dont le processus de pensée s'identifie mieux à cette jolie musique de l'esprit et des sons qu'est le créole. Langue inexportable, probablement inadaptable aux nécessités modernes, elle devient une sorte de bastion intime où font retraite les Antillais, enfin seuls, entre deux bonds en avant. On peut noter aussi, toujours selon les mêmes besoins, la création à partir de rien d'un art et d'un artisanat locaux, dont la peinture haïtienne et la sculpture martiniquaise représentent deux courants extrêmement originaux. Quant à la politique, dont les Antillais mâles raffolent comme d'une drogue, ce serait une grave erreur de la considérer comme un fléau, car elle est exclusivement tournée vers l'intérieur, c'est-à-dire vers la recherche d'une identité.

Et dans les pays où le libre jeu de la politique n'est pas autorisé, comme Haïti ou la république Dominicaine, ce n'est pas par hasard que sont encouragés des dérivatifs puissants, comme le vaudou, officieuse religion d'État en Haïti, pour que l'âme, justement, puisse s'exprimer pleinement.
Tout cela est éminemment respectable. Je crois qu'il faut souhaiter bonne chance aux Antillais dans ces cheminements difficiles d'un nouvel humanisme, qui leur appartiennent en propre. Mais quelle longue route à parcourir, semée de tant de pièges, d'erreurs, de carrefours dangereux! L'Histoire n'a pas été tendre pour l'âme antillaise. Plus qu'à l'avenir, c'est aux Antillais eux-mêmes qu'il faut faire confiance. Ils le méritent.

Lavandières près de Basse-Terre, Guadeloupe.

Personne n'échappe au service civique.

LA VIE QUOTIDIENNE A CUBA

« Rancho Boyero », l'aéroport de La Havane. Une salle peinte de frais décorée d'une grande photographie crêpée de noir : le « commandante » Ernesto « Che » Guevara, mort au champ d'honneur à Vallegrande (Bolivie). Des militaires en treillis vert olive fouillent courtoisement mais méthodiquement les bagages. On abandonne son passeport à un guichet pour la durée du séjour. On troque à un autre ses dollars à parité contre des « pesos » cubains. Le marché parallèle est, lui, cinq ou six fois plus généreux. Mais il est rigoureusement clandestin...

L'île interdite

Vous êtes fatigué. Le voyage a été long. En heures de vol, si vous arrivez de Moscou ou de Prague par le TU 114 de l'Aeroflot ou par un avion à hélices de la Tcheca ou de la Cubana de aviación avec escale à Shannon et Gander; en attente interminable et en contrôles irritants, à l'aéroport de Mexico, si vous venez du proche continent. Pour parvenir jusqu'à l'île interdite, le voyage le plus commode, si tant est que vous veniez d'Europe, est celui que vous proposent les « jets » d'Iberia au départ de Madrid. L'Espagne est la meilleure porte d'accès au castrisme cubain.
Dehors, la nuit paraît opaque. Quelques taxis attendent. Ne leur demandez pas d'accomplir un itinéraire trop compliqué. L'essence est périodiquement rationnée et les chauffeurs sont surchargés de travail. Mieux vaut savoir exactement où vous allez. De toute manière, vous vous retrouverez à la porte d'un grand hôtel du Vedado, le quartier élégant des palaces, des restaurants et des boîtes. Il est tard déjà, mais la nuit n'est pas finie. Des files de Cubains moyens attendent encore leur table, à la porte des night-clubs et des cafétérias. Curieux mélange d'environnement austère et de fringale consommatrice, de pénurie et de sensualité. Cuba commence par surprendre...

Le Vedado

Sur la Rampa, la grande artère du Vedado, vous trouverez les cafés animés, les librairies, les galeries d'exposition. On dîne fort bien pour une dizaine de pesos (50 F au cours officiel) dans des établissements agréables, voire luxueux, et la douceur de vivre occidentale est là, bien vivante autour des piscines, au creux des bars du Havana libre, du Capri, du Nacional. Des familles nombreuses viennent déguster des glaces succulentes — une des fiertés de Cuba — sous la voûte de l'immense kiosque Coppelia. Quant à la jeunesse intellectuelle, celle qui se hasarde à porter les cheveux un peu plus longs que l'exige la morale en pays socialiste, elle se retrouve devant des *daiquiris* dans un ancien *funeral parlor* repeint en couleurs psychédéliques et dont les murs sont tapissés de toiles pop'art. Le Vedado, c'est un peu Saint-Germain-des-Prés. Un Saint-Germain-des-Prés plus guindé, sans « hippies » ni jeunes gens équivoques. A ceux-là, l'époque du sectarisme escalantien — du nom d'Annibal Escalante, l'ex-leader de la microfraction communiste orthodoxe — devait porter un coup fatal. Il en reste malgré tout quelque chose aujourd'hui.
L'atmosphère change au demeurant d'une année sur l'autre, au gré des mots d'ordre lancés par Castro. La mobilisation des énergies connaît ses fluctuations. On voit alterner nonchalance tropicale et sursauts de rigueur spartiate. On ferme les « boîtes » et on les rouvre. Citadelle assiégée, Cuba court périodiquement aux remparts. Capitale caraïbe, La Havane n'en jouit pas moins de sa mer tiède, de ses amours, de ses plaisirs faciles. Le Vedado c'est, bien sûr, le quartier des touristes, des diplomates et des techniciens étrangers. Mais c'est aussi pour les Cubains de Cuba l'exutoire nécessaire, la part du rêve dans une existence que la pénurie économique, le service « volontaire » des citadins dans les champs de canne ou les plantations de café rendent toujours aussi dure.

La « libreta »

Quitté les « beaux quartiers » pour la vieille Havane, la pénible réalité quotidienne vous assaille, en effet, de partout. Les magasins tragiquement vides derrière leurs vitrines poussiéreuses. La queue interminable devant la boulangerie ou l'épicerie. Devant toutes les boutiques, à vrai dire, où la nouvelle d'un arrivage quelconque a précipité en quelques minutes une foule privée d'à peu près tout ce qui n'est pas le strict nécessaire. Une livraison de soutiens-gorge tchécoslovaques, de chaussettes polonaises ou de parfum bulgare, et c'est aussitôt la ruée, d'un bout de la ville à l'autre, de centaines de personnes. Un achat ailleurs aussi simple que celui d'un carnet de notes, d'une rame de papier, d'une bouteille d'encre à stylo se transforme en casse-tête chinois. Seul luxe bien visible : des amoncellements de somptueux cigares. Mais on ne vit que de « Montecristo »... Les Cubains sont donc condamnés au carnet de rationnement, la *libreta*. Elle donne droit, pour l'habillement d'un citoyen, à une paire de chaussures, un pantalon et deux chemises par an. Pour la nourriture, à trois livres de riz et une livre et demie de haricots mensuellement. La consommation de viande est limitée à six cents grammes environ par semaine, bien que Cuba soit, dans ce domaine, exportateur. Le poisson, en revanche, est plus ou moins en vente libre, comme le pain, les œufs — dont la production a fait un bond prodigieux —, les tomates, les fruits. Ce n'est pas notre régime des années d'occupation, mais c'est assez loin du seuil de calories nécessaires à une alimentation réellement équilibrée.

L'effort déployé pour se nourrir dans de telles conditions rend en fait assez pénible l'existence quotidienne de la ménagère cubaine. Cette dernière — qui travaille le plus souvent — ne sort généralement du bureau ou de l'usine que pour emboîter le pas, avec résignation, d'une file d'attente. Si ses moyens le lui permettent, elle recourt parfois à ce qu'il faut bien appeler le « marché noir ». Mais alors le demi-kilo de riz, qui vaut l'équivalent d'un franc avec la *libreta*, lui en coûtera facilement quinze...

Salaire moyen

L'autre solution, c'est le restaurant. Il est très cher pour les Cubains, nous l'avons déjà dit. Mais la nourriture a le mérite de n'y être pas rationnée et d'être de bonne qualité. Tout le monde, certes, ne peut s'offrir de fréquentes agapes dans les restaurants du Vedado, comme le touriste qui vient de débarquer. Mais il est de fait que ces restaurants sont néanmoins assiégés par une clientèle autochtone relativement modeste, qui n'hésite pas à payer un repas de 4 à 8 pesos par tête, avant de terminer la soirée devant un « show » à grand spectacle.

Juste compensation aux privations que le blocus américain et la construction du socialisme lui font endurer, le Cubain jouit en effet généralement d'un salaire décent qui lui permet en quelque sorte de « court-circuiter » de temps en temps la pénurie. Ce salaire moyen est d'environ 150 pesos par mois. Mais les loyers n'entament que 10 p. 100 au maximum de ce revenu; les repas pris dans les cantines sont extrêmement bon marché, comme les moyens de transport collectifs, les écoles, les garderies d'enfants, que le régime a multipliées. Il n'est donc pas impossible à un ouvrier ou à un modeste employé de partager occasionnellement avec de mieux nantis — hauts fonctionnaires, médecins, étrangers de passage ou même anciens propriétaires fonciers auxquels l'État concède une rente pour les indemniser de leurs biens nationalisés par les réformes agraires et immobilières — les plaisirs jadis réservés à une catégorie privilégiée de Cubains.

C'est aussi pour l'État, propriétaire et gestionnaire de tous ces hôtels, « boîtes » et restaurants, une manière astucieuse de récupérer une partie appréciable de l'argent mis en circulation. Une façon en quelque sorte d'éviter l'inflation dans un pays où la masse monétaire des salaires est largement supérieure à celle que représentent les biens de consommation disponibles.

L'enthousiasme est de règle

Cela dit, la vie des citadins à Cuba n'est pas faite que de tolérances palliant vaille que vaille des conditions d'existence difficiles. Le travail aux champs, par brigades professionnelles, réclame lui aussi des sacrifices supplémentaires. Départ aux aurores en tenue de campagne, musette en bandoulière, on s'embarque dans des camions brinquebalants entre janvier et juin vers les immenses champs de canne ou en direction de ce « cordon de La Havane » qui enserre progressivement la capitale de ses nouveaux vergers, de ses cultures maraîchères et de ses plantations de café. L'enthousiasme est de règle. Dactylos, carabins, show-girls, bureaucrates, ingénieurs et ouvriers d'usine : personne n'échappe vraiment à ce service civique. Tout le monde est volontaire. Plus ou moins assidu, c'est vrai; plus ou moins convaincu, c'est vrai aussi. Personne, en principe, ne vous oblige à participer à la *zafra* ou à mettre en pot, pendant le week-end, des plants de caféiers. Il est néanmoins peu pensable qu'un citoyen salarié se mette dans le cas d'encourir la réprobation de ses chefs de service et du régime tout entier en négligeant d'accomplir son devoir. La pression est morale, comme veulent rester moraux, purement idéalistes, les stimulants employés par le castrisme pour édifier son « socialisme humaniste »; construire l'« homme nouveau », qui n'agira plus poussé par l'appât du gain, qui sera un jour si bien dégoûté de l'argent que l'on pourra même supprimer ce dernier, dont tous les actes, enfin, seront mus par le souci de servir la collectivité sans autre récompense que celle d'appartenir à une société juste et régénérée.

Ne soyez donc pas surpris si, voulant acheter un livre dans une librairie de la ville, vous trouvez la porte close avec cet écriteau : « Fermé pour cause de zafra ». Le personnel de « la Moderne Poésie » apporte aujourd'hui sa contribution à la « Xe Récolte du Peuple! » Ou encore si, désireux de passer au salon de coiffure de l'hôtel, vous vous entendez répondre par le concierge : « Impossible jusqu'à lundi, companero, toutes les companeras sont au café. » Vous en déduirez simplement que bien loin d'avoir fait une fugue collective au bar, les demoiselles habituellement préposées au shampooing plongent vaillamment leurs jolies mains dans du terreau bien frais...

Façonner de nouveaux rapports

Cette volonté forcenée de Fidel Castro de faire participer activement les citadins à la vie et aux problèmes de la campagne répond, certes, aux nouvelles nécessités économiques de l'heure. La main-d'œuvre agricole manque à Cuba, surtout à l'époque de la campagne

Les cafétérias sont toujours bondées.

La foule à une réunion politique.

sucrière, maintenant que l'on ne fait plus appel, comme avant la révolution, aux misérables mais habiles « macheteros » saisonniers amenés d'Haïti. Les énormes investissements agricoles réalisés par le régime — trop souvent, malheureusement, dans une joyeuse anarchie — réclament aussi ces innombrables bras supplémentaires.

Le système du volontariat, donc de l'amateurisme généralisé, est jugé avec une sévérité souvent narquoise par les experts étrangers, à commencer par ceux des pays communistes. « Ce n'est pas sérieux, disent-ils. Dans une économie, chacun doit être à sa place et y rester. » Et Russes, Tchèques, Bulgares qui vivent en vase clos au milieu de cette société qu'ils n'arrivent pas vraiment à comprendre haussent les épaules, excédés ou amusés selon leur humeur par les manifestations tropicales du socialisme cubain. Mais, pour Castro, plus important que tout est d'arriver à façonner dans son pays de nouveaux rapports entre l'homme et la terre, l'homme et le travail, les hommes entre eux.

La Havane de Batista était une métropole d'oisifs qui drainait toute la richesse de l'île. Un fossé spectaculaire séparait les conditions de vie à la campagne et celles de la capitale. Ce fossé est aujourd'hui comblé, et l'on peut même dire que la vraie façade de Cuba n'est plus la ville, mais, nous l'avons dit, ces zones pilotes qui se multiplient à l'intérieur du pays, fécondées par le travail des étudiants, choyées par Fidel, qui n'a pas oublié les engagements pris dans la Sierra Maestra envers les paysans, qui soutenaient son entreprise alors que La Havane se repliait encore dans son égoïsme et son scepticisme citadins. On ne peut expliquer vraiment le phénomène castriste, la popularité dont la révolution et son leader jouissent encore dans la population, en dépit des privations, en dépit de l'asphyxiant isolement du pays, que si l'on veut bien tenir compte du fait que, sur 8 millions de Cubains, 6 millions sont des campagnards qui n'avaient jamais profité de la « vie facile » de la capitale et pour lesquels la révolution a signifié non seulement fierté nationale, dignité humaine, mais aussi écoles, dispensaires, salaires décents, meilleure alimentation, sentiment aussi désormais que c'était la ville qui venait à eux, paysans, devenus pour la première fois de leur histoire des citoyens à part entière, pour ne pas dire des privilégiés.

Avoir vingt ans

A l'aéroport de Varadero, deux fois par semaine, des navettes aériennes américaines continuent cependant à embarquer vers la Floride toute proche leur lot de citoyens cubains qui quittent le pays sans espoir de retour. Ils sont encore quelque 500 000 inscrits sur les listes de départ, et qui attendent, après avoir abandonné depuis longtemps déjà leur emploi et leurs biens. Cela aussi, c'est une partie de la réalité quotidienne de Cuba. Il n'est pas facile de vivre dans un pays qui manque de

Rencontre à La Havane.

tout, de se plier à la discipline du socialisme en construction, de devoir renoncer aux voyages à l'étranger, de subir l'isolement psychologique d'une île que les commodités d'antan plaçaient à une demi-heure de Miami. La bourgeoisie cubaine fait ses malles depuis dix ans. Elle a connu « autre chose » et ne s'accommode pas de cette claustration, de cette tension continuelle qu'on lui impose.

« Nous sommes trop vieux, dit-elle, ce régime n'est pas fait pour nous. » C'est vrai et c'est normal. « Il faut être prolétaire ou intellectuel militant pour vivre ici à l'aise », reconnaît un membre du gouvernement. Il vaut mieux aussi, sans aucun doute, avoir vingt ans.

Les traditions

Vaudou à Haïti : la possession.

Si les grandes religions ont suivi les pas des marins, des soldats, des colons et des marchands, et se sont fixées là où s'arrêtaient leurs vecteurs, les croyances et les superstitions ont voyagé librement sans connaître de frontières, comme les graines de cocotiers portées, dit-on, par l'alizé.

Le vaudou et ses mystères

On ne sait quel mot employer pour définir le vaudou. Certains vont jusqu'à parler de religion. Religion ou non, le mot a fait le tour du monde, et l'on ne compte plus, de Singapour à Stockholm, les « night-clubs » et restaurants de nuit qui portent ce nom chargé de noir mystère.

A bord des bricks des négriers, le vaudou vient, évidemment, d'Afrique, où il plonge ses racines les plus profondes. Il voyage avec les esclaves arrachés à la terre d'Afrique et enchaînés au fond des cales. Débarqué aux Antilles et spécialement à Haïti — alors Hispaniola —, il annexe immédiatement un certain nombre d'éléments du catholicisme des maîtres. Grâce au singulier pouvoir d'assimilation des Noirs, Jésus-Christ va, lui aussi, venir s'asseoir sur l'olympe vaudou, sans parler de saints rebaptisés de noms pittoresques mais cependant identifiables. De même pour les symboles — la croix, par exemple — et pour des bribes de phraséologie liturgique. Emprunts enrichis par une imagination délirante. « Religion » d'esclaves africains, le vaudou va d'abord combler les appétits métaphysiques des Noirs : tout est dans la main des dieux. Chaque pas, chaque démarche des hommes les met en leur présence multiple et invisible. Il faut céder à leurs exigences, leur payer tribut, s'incliner devant leur volonté.

Mais il y a, ensuite, une réponse à donner à la condition inhumaine : celle de l'esclave. Outre la consolation à attendre dans l'au-delà, les hommes privés de leur liberté attendent une amélioration de leur sort. Le vaudou va porter le message d'espoir : les tambours vaudou deviennent le signal des révoltes, et les cérémonies vaudou préparent les révoltés au combat en leur conférant — comme Siegfried se baignant dans le sang du dragon — l'invulnérabilité. Après l'espoir, la liberté reconquise : le peuple d'Haïti a une lourde dette de reconnaissance à l'égard des dieux qu'il s'est forgés. L'Église catholique ne voit pas cette concurrence d'un bon œil et se déchaîne contre le vaudou. Mais l'éclipse qu'elle subira après la décision du général Dessalines, nouveau maître d'Haïti, de séparer, en 1805, l'Église de l'État,

107

permettra au vaudou, débarrassé de l'hostilité des prêtres, de gagner le reste du terrain qui pouvait encore lui manquer pour être la « religion » de tous les Haïtiens.

Une coexistence des croyances

Le retour en force de l'Église n'y put rien changer, et, malgré menaces et fulminations en chaire, les Haïtiens continuèrent de pratiquer, en les mêlant plus ou moins, catholicisme et vaudou. Le même phénomène peut s'observer en Afrique, où coexistaient et coexistent encore — très pacifiquement du reste — fétichisme et christianisme, et où de guerre lasse bon nombre de missionnaires — prêtres ou pasteurs — ont fini par fermer les yeux sur les croyances souvent contradictoires de certains de leurs fidèles. Il s'agit, comme pour le vaudou, beaucoup plus d'une complémentarité que d'une rivalité.

Bref, éventuellement après la messe, on pourra se rendre au vaudou. L'officiant s'appelle le *houngan* — ou, si c'est une femme, la *mambo*. Au milieu de l'endroit où se pratique le culte — fort variable, mais, le plus souvent, très ouvert sur la nature —, un poteau ou un pilier, par où descendront tout à l'heure les esprits. Le rituel commence par des gestes de purification : aspersion d'eau — parfois bénite; puis c'est le sacrifice d'un animal. D'aucuns assurent que, jadis, des sacrifices humains avaient lieu : c'est ce qu'on murmure dans les îles lorsque des enfants disparaissent de façon inexplicable.

Par des incantations appropriées, on appelle tel ou tel esprit (le *loa*) et on l'invite à descendre parmi l'assistance et à s'y incarner. Pour encourager sa venue, on a dessiné, à la craie sur le sol, son thème : le *vévé*. Il ne s'agit pas alors d'attendre passivement : chants et musique qui soutiennent la danse vont décider l'esprit. On retrouve pleinement l'Afrique et ses danses de possession. C'est sur le tambour que tout repose. La famille tam-tam se compose de trois membres : une basse, un baryton, un ténor. Tous taillés dans le même bois dont on fait les tambours : troncs d'arbre évidés et tendus d'une membrane de peau. Les musiciens en tirent, avec leurs mains ou des baguettes recourbées, des sonorités obsédantes.

L'extase et la possession

Ces interminables percussions, qui suivent des lignes musicales très construites, finissent par agir sur le cerveau, pense-t-on, et provoqueraient une sorte d'engourdissement voisin de l'hypnose. Cet état second prépare le fidèle à l'aboutissement désiré : l'extase et la possession. Le danseur — ils peuvent être plusieurs — choisi par le loa va s'éloigner progressivement du monde des vivants pour ne plus être qu'un support de l'esprit. Vacillant, trébuchant, tombant, il est, enfin, habité, possédé par le loa. Tous ses gestes et ses paroles sont ceux du loa, qui en fait sa chose, bonne ou moins bonne, selon son propre caractère. La possession s'étendra de quelques instants à quelques jours pour les médiums les plus doués. Le loa regagnera le cosmos tandis que s'amorcera la désescalade de la possession. Après cet échange bienfaisant par lequel les hommes pénètrent un peu l'infini et l'insondable, on raccroche les tambours sacrés au vestiaire et l'on retrouve, rassuré, le cours d'une existence terre à terre, le plus souvent précaire et difficile.

Un certain nombre d'explications ont été avancées à propos des phénomènes de possession. La médecine semble, pour l'instant, s'en tenir à celles qui parlent de phénomènes d'hystérie. Mais Baron Samedi, dieu de la Mort, ricanant et paillard, et qui avec ses grosses lunettes, son chapeau haut de forme et son habit à queue fait inévitablement penser à « Papa Doc », l'actuel maître d'Haïti, et *Diamballa*, dieu venu d'Afrique, qui a la forme, la ruse et la sagesse du serpent, et leurs innombrables pairs au panthéon vaudou continuent de régner en maîtres sur la nuit électrique d'Haïti.

Le quimbois et les quimboiseurs

A l'autre bout du cordon antillais, à la Trinité, on ne parle plus de vaudou, qui reste localisé uniquement à Haïti, mais d'*obeah* ou de *shango*. Ce n'est plus une « religion », mais un ensemble de pratiques occultes, tout comme le *quimbois* des Antilles françaises. Malgré le XXe siècle, les sorciers et les sorcières foisonnent. Le sorcier, qu'on appelle le *quimboiseur*, fait — presque — partie de la vie courante. Il soigne un peu, il conseille beaucoup et il arrange

La cascade sacrée de Saut-d'Eau, à Haïti.

les « affaires », toutes sortes d'affaires. C'est pourquoi à la Guadeloupe on l'appelle aussi parfois le « gardézafé ». C'est clair : celui qui garde les affaires. Par contre, on ne sait trop d'où vient le mot *quimbois*. Certains avancent l'explication suivante. Missionnaire naturaliste et médecin, le P. Labat soignait les malades du paludisme en leur faisant boire du quinquina. Après avoir délayé la poudre bienfaisante dans un bol, il ordonnait : « Tiens, bois. » On prit l'injonction pour une incantation, et l'on crut que c'était elle qui guérissait autant que la poudre. Elle se transforma, répétée de bouche à oreille comme une formule magique, en *kiembois* ou *quimbois*, et désigna bientôt ce qui paraissait extraordinaire. Le quimboiseur est donc celui qui fait du quimbois, qui sait se servir du surnaturel, en bien ou en mal, pour jeter des sortilèges ou des maléfices.

Dans son aspect maléfique, le quimbois se matérialise souvent sous la forme d'un petit cercueil, d'une figurine ou d'un paquet, remplis d'ingrédients divers, mais où l'on retrouve le plus souvent un peu de terre de cimetière, des clous de cercueil et toute une gamme de plantes et de graines appropriées.

Le quimbois, inquiétant messager, annonce le malheur. Celui qui le trouve sait qu'on a invoqué contre lui les esprits. Il doit, dès lors, passer à la contre-attaque en leur barrant la route invisible qu'ils empruntent pour venir frapper les vivants. Pour cela, rien de tel qu'une « séance » chez un sorcier réputé, dont on s'assurera que l'influence sur les esprits sera, autant que possible, supérieure à celle de l'attaquant.

Les vivants et les morts

La superstition se porte comme un charme aux Antilles, et dans la seule Martinique près de 200 guérisseurs-quimboiseurs payaient en 1968, très officiellement, leur patente. Il ne se passe pas de semaine qu'on ne parle de maison hantée, de manifestations insolites, d'interventions étranges qui engendrent parfois des conséquences tragiques.

De sa naissance à sa mort, l'homme vit entouré de secrets terrifiants. Le moindre de ses gestes, pense-t-on, a une signification qu'il faut connaître, car toute maladresse peut être lourde de conséquence. Les morts entourent les vivants, les épient et les jugent. Ils sont prompts à se venger des insultes qui leur sont faites volontairement ou non. L'homme doit vivre aussi en paix avec la nature, en respectant les règles transmises par les ancêtres lors des grands moments de l'existence : naissance, mariage, mort. Alors, l'âme pourra s'envoler vers le créateur sans avoir à gémir sur les mornes battus par le vent.

Pour prendre du poisson, le pêcheur ne peut se contenter de voguer à bord de son gommier (embarcation taillée dans l'arbre du même nom selon une technique qui remonte aux Indiens Arawaks) jusqu'à « Miquelon ». Miquelon, pour les poétiques pêcheurs de la Martinique, c'est ce point que l'on atteint en mettant le cap au large, là où, à l'horizon, l'océan a fini par engloutir la côte. Il est bon avant d'arriver à « Miquelon » d'avoir pris quelques précautions. On peut le

Scène de vaudou à Haïti.

premier jour du mois fustiger sa barque avec un rameau d'acacia, puis glisser sous le caillebotis un crapaud enfoui dans du charbon de bois. Il est aussi recommandé d'aller prendre, dans la mer, un bain de chance la nuit du 31 décembre. Si, enfin, le poisson mord, il sera prudent de rejeter la première prise à la mer, en guise d'offrande, après avoir fait un signe de croix.

La plupart de ces recettes viennent en droite ligne de Bretagne, apportées là au cours des siècles par les marins du Finistère ou des Côtes-du-Nord. Il y a aussi des adaptations locales de vieux mythes : la « maman de l'eau », version antillaise de la sirène. Tête et buste de femme, le reste du corps poisson, elle

109

Vaudou : l'arme du sacrifice.

apparaît aux marins la nuit ou au petit jour. Elle s'approche des embarcations, fait du charme aux navigateurs, puis, au moment où l'on ne s'y attend plus, tente de renverser l'embarcation d'un coup de queue. Elle peut aussi déchaîner instantanément les éléments, et l'on voit disparaître sa chevelure flamboyante dans le tourbillon qu'elle a soulevé.

Des créatures infernales

Dans l'air naviguent aussi des créatures infernales : les « bâtons volants » survolent les îles la nuit et sèment la désolation. Il existe contre eux une arme efficace : le signe de la croix, qui les fait s'écraser au sol.
Le cheval à trois pattes, lui, galope en claudiquant sur la terre ferme, mais de préférence aux alentours des cimetières, où il pourchasse le voyageur attardé. Après l'avoir rattrapé, il le saisit par le cou entre ses dents et le secoue, puis le jette à terre et le piétine de ses trois sabots. Ceux qui ont survécu à un tel traitement ont perdu la raison, si bien qu'il a toujours été difficile d'obtenir plus de précisions sur ce centaure boiteux. Mais depuis que le cheval a cédé, comme moyen de locomotion, la place aux « bombes » (fourgonnettes Renault transformées en autobus), le cheval à trois pattes tend à disparaître des nuits antillaises.

Si l'on éditait un livre intitulé *Ce que toute fiancée antillaise doit savoir*, voici quelques conseils qui devraient absolument y figurer. Pour « faire marcher » plus vite un mariage, rien de tel que d'acheter à la fiancée une paire de chaussures neuves. Indispensable pour le jour des noces : les sous-vêtements de couleur pour contrebalancer le blanc de la robe, et un sac à main usagé, emprunté à une amie, car un réticule neuf porte malheur.

Pour donner toutes ses chances à l'enfant à naître : éviter, absolument, d'abattre un arbre fruitier, de renverser de l'huile, de marcher sur des pois d'angole. A la naissance, il faut frictionner le nouveau-né avec une lotion composée de rhum, de tamarin et de goyave, et faire figurer au premier repas de la bouillie d'arrow-root — qui immunise contre les poisons — et de la mie de pain trempée dans du miel — qui éveille l'intelligence.

Combats de coqs à la Martinique.

Les pactes avec le diable

Lorsque la mort a fait son œuvre, on doit arrêter pendules et réveils dans la maison funèbre et tendre un crêpe noir en travers des miroirs. A la Martinique et à la Guadeloupe, on versait dans la bouche du défunt une bonne lampée de rhum. A Haïti, pour être sûr que le mort ne reviendrait pas tourmenter les vivants, on préférait glisser entre ses dents quelques gouttes de poison. Puis la veillée funèbre commence. Le conteur tient en haleine les parents et les amis avec les vieilles légendes. De temps à autre, il lance l'appel « Et cric! », à quoi l'assistance répond par un sonore « Et crac! ».
Il est bon que les familles se purifient le jour de Pâques, en piquant une tête dans l'eau.
Ces précautions ne sont pas superflues pour éviter les rencontres qui ne pardonnent pas : celles des enterrements fantastiques sur lesquels les cierges des enfants de chœur jettent une lumière surnaturelle et qui s'enfoncent dans le flanc des collines comme dans un tunnel, et celles des porteurs de torches infernales qui dansent un carrousel

110

diabolique, sans la moindre musique, dans la nuit immobile percée de mille boules lumineuses et virevoltantes. Gare à celui qui croisera le chemin des diablesses, ces envoyées du diable, belles à damner, qui tentent de faire perdre son chemin au voyageur ou encore de l'entraîner dans des ébats amoureux, hélas mortels. Pour les éviter, il suffit de retourner ses vêtements et de serrer dans sa main une pierre bien lisse. Mais certains recherchent, au contraire, le contact avec les forces occultes, et l'on croit parfois, dans les îles, que les hommes peuvent pactiser avec le diable.

irrévocable. L'homme est devenu un « gagé » (car il s'est engagé). Il est à jamais perdu, à moins qu'une puissance supérieure à celle de Belzébuth ne parvienne à le « dégager ». On reconnaît très difficilement un gagé de son vivant. Mais à sa mort certains signes le trahissent. On aura de la peine à le mettre en bière, et si d'aventure on y parvient, le cercueil ne tardera pas à s'envoler par une fenêtre, qui ne pourra jamais plus se fermer. Satan a réclamé son dû.
Les familles apprennent ainsi, en voyant disparaître le corps, que l'un des leurs

Volants et gagés

Satan concède à ses gagés des facultés tout à fait exceptionnelles : celle de voler, par exemple. Le « volant » doit se dépouiller de sa peau avant d'enfiler celle de l'animal dont il veut prendre la forme. Cette métamorphose opérée, le volant peut prendre l'air, de nuit seulement. Si, par malheur, un intrus s'empare de sa peau d'homme, voici le volant condamné pour l'éternité à garder l'apparence animale qu'il s'est donnée. Ne tuez donc jamais les serpents qui balancent la tête en dar-

Scène de carnaval à Basse-Terre, Guadeloupe.

Pour entrer en relation avec lui ou avec ses assistants, il faut savoir l'invoquer. Et certains initiés peuvent, assurent-ils, révéler comment il faut procéder. Satan ne résiste pas à certaines incantations et répond aux appels qu'on sait lui lancer. C'est à midi précis, sous les fromagers, arbres diaboliques s'il en est, que doit se signer le traité. L'homme appartiendra au démon, mais sa vie durant il recevra en échange des pouvoirs refusés au commun des mortels. Signé avec du sang, le traité sera

avait commercé avec les forces des ténèbres. Pour sauver la face, on commande vite un autre cercueil, qu'on leste d'un sac de sable. Satan peut se manifester un peu plus tard au cimetière. Le cercueil du gagé refusera d'y entrer : son poids deviendra tel qu'on ne pourra plus le porter.
On peut tenter une ruse, qui consiste à entrer à reculons dans le cimetière, mais au bord de la tombe le cercueil risque de se soulever et de flotter dans l'espace.

dant leur langue vers vous : ce sont peut-être des gagés malchanceux. Ceux d'entre eux qui, oublieux de l'heure, n'ont pas revêtu leur peau avant le lever du jour, ne la retrouveront jamais, car le lever du soleil fait fondre les peaux d'homme. Le volant n'est pas à l'abri d'un autre danger : celui de survoler par inadvertance un clocher ou un calvaire; ses ailes sataniques ne le portent plus et il s'écrase au sol.
Apparition récente, renouveau de la tradition légendaire : le « dorliss »,

Danseurs au bacoulon, à Pétionville, Haïti.

ultime évolution du gagé. Son pouvoir exceptionnel, c'est de s'introduire chez les belles assoupies et de les aimer à leur insu.

Dans les milieux populaires, la tradition orale continue à faire vivre — mais sans doute plus pour longtemps — les vieilles légendes venues de la lointaine Afrique, quelquefois en les rajeunissant. Dans les campagnes, on menace encore les enfants, pour les faire tenir tranquilles, des monstres fabuleux du folklore. Dans le terrain ainsi préparé, les fleurs de l'étrange font éclore, à la minute, leurs étonnants pétales. Un anthropologue canadien décrit le rituel compliqué que suit une marchande de légumes : aspersion de l'étal au Crésyl, utilisation de certaines plantes (z'herbes senties) qui attirent le client, d'autres qui attirent la chance, stratagèmes pour respecter la règle du sexe de la personne avec qui on « a sa chance ce jour-là ». La stratégie du commerce, à ce niveau, est essentiellement magique. Le commerçant qui a pignon sur rue joue aussi, souvent, le jeu magique, et l'on croit volontiers que la fortune sourit plus facilement aux initiés qu'aux audacieux. Si un magasin fait des affaires d'or, attire une clientèle nombreuse et inlassable, c'est que sans doute le patron a su mettre la chance de son côté. Il a pu, par exemple, sur les conseils d'un « séancier » compétent, prendre un « bain démarré » pour démarrer la malchance qui a pu être « amarrée », c'est-à-dire, en langage de marins, attachée, liée à ses entreprises et à ses locaux par un concurrent jaloux.

Il faut prendre un bain démarré le premier vendredi de chaque mois — mais les vendredis 13 peuvent aussi convenir — le matin très tôt. C'est l'*aurô* (le bain de l'aurore). Si l'on ne peut aller jusqu'à la mer, on a encore le recours de prendre chez soi un bain de trois eaux — de mer, de rivière, de pluie — où l'on aura fait tremper de l'agoman et de l'arada.

La chasse aux trésors

Les sorciers, croit-on souvent, sont aussi d'un grand secours pour retrouver les trésors, autre grand thème du folklore antillais. Les îles, affirment les récits, en sont truffées : ceux que pirates, flibustiers et aventuriers y cachèrent aux temps héroïques où l'on faisait si rapidement fortune. Un esclave enfouissait le magot au clair de lune. Un coup de pistolet dans la nuque le récompensait de sa peine, pour qu'il ne révèle à personne la cachette. Quelques-uns survécurent et vendirent des plans ésotériques qui devaient permettre de retrouver l'or enfoui. Il en circule toujours, que seuls les sorciers peuvent interpréter. Mais si l'esclave fouisseur n'a pas survécu et qu'il a été enterré avec le coffre, il peut apparaître en songe à l'un de ses descendants et lui révéler l'endroit où dort encore son squelette veillant sur le coffre. Ainsi explique-t-on, dans le populaire, des fortunes subites et incompréhensibles. A la Guadeloupe, le trésor de Delgrès continue de faire rêver et d'exciter les imaginations. En 1802, Delgrès s'oppose au général Richepanse, envoyé par Napoléon pour rétablir l'esclavage aboli par la Convention. Delgrès, vaincu, s'enfuit par un souterrain en emportant son trésor. Pour le rendre plus maniable, il l'a fondu en un seul canon. Lui et ses hommes se suicident en se faisant sauter. Personne n'a revu le canon d'or. Et encore de nos jours les chercheurs ne manquent pas qui veulent retrouver l'or de Delgrès et qui demandent aux quimboiseurs de les aider, d'où ces extraordinaires défilés nocturnes éclairés par des bougies noires.

La nature elle-même semble se prêter au fantastique. Il suffit de se baisser pour cueillir des poisons : ceux qui tuent, ceux qui rendent fous, ceux qui font perdre la volonté. A côté du mancenillier toxique pousse l' « olivier » (*Bontia daphnoides*), qui guérit ses effets

Le mystère du zombi

Le regard vide, la démarche d'automate, la maigreur du squelette, voici venir, effrayant, le *zombi*. Le mot est souvent mal utilisé pour désigner un esprit.

Or, un zombi est un revenant, ce qui n'est pas la même chose, réincarné dans sa forme primitive. La légende fait état de riches planteurs régnant sur une armée de zombis travaillant la nuit à la prospérité de leur maître. Certains avancent que le zombi est en fait un faux mort, un homme dont il reste le corps mais dont l'esprit et l'âme n'ont pas résisté à une drogue qui lui a été administrée à son insu et qui a fait de lui un esclave sans volonté et sans mémoire. Pour le maintenir dans

cet état, il faudra surtout éviter de mettre du sel dans sa nourriture.
Cette limite imprécise entre la vie et la mort, on voit bien tout ce qu'elle a de flou au cours de la nuit de la Toussaint où l'on va en famille illuminer la tombe de ses morts. Les cimetières brillent de la fantastique lueur de milliers de cierges, et pendant toute cette nuit les vivants donnent aux morts le droit de revenir parmi eux. Et le grand poète martiniquais Aimé Césaire explique dans l'un de ses poèmes comment, lorsque le sommeil le fuit, il se couche à même la terre, et, la baisant de ses lèvres, il parle avec ses aïeux, dont les plaintes parviennent, alors, jusqu'à ses oreilles.
Rien n'est ordinaire aux Antilles. Peut-être le rhum prédispose-t-il aux fastes du surnaturel. Outre la consommation qu'on en fait en tant que boisson, il accompagne l'homme de la naissance (friction du nouveau-né) à sa mort et même au-delà, puisque la coutume exige que l'on en verse une bonne mesure dans la bouche du défunt. Le punch traditionnel — rhum, sirop de canne, citron vert, eau — s'est enrichi de multiples variantes : planteur, daïquiri, cubalibre. Et les pêcheurs de la Martinique restent fidèles au « décollage », ou *pétépié* : à jeun, un grand verre de rhum où macèrent de l'absinthe et d'autres plantes.

Les tam-tams et les archets

On n'imagine pas les Antilles silencieuses ou même discrètes. Les Antilles ne vivraient pas sans musique, sans danse, sans rythme. Aux violons de l'Europe s'adjoignent les tam-tams de l'Afrique, et du mariage des archets et des tambours naquirent d'innombrables enfants joliment métissés : mérengué (république Dominicaine), biguine (Martinique, Guadeloupe), calypso (la Trinité).
Si, partout, on aime rire, chanter, danser, c'est probablement à la Trinité que la musique traditionnelle retrace le plus fidèlement l'histoire d'un peuple. Peut-on imaginer aujourd'hui que les autorités en vinrent, à la Trinité, à interdire aux Noirs l'usage du tam-tam?
Parmi les Africains venus de leur lointain continent avec leurs dieux et leurs tambours, beaucoup voulurent continuer à honorer les premiers en frappant sur les seconds. L'administrateur et le missionnaire britanniques, qui avaient remarqué cette liaison, pensèrent qu'en supprimant les tambours on viendrait aussi à bout des idoles.
Pour le Noir, le tam-tam c'était à la fois les cloches, le carillon domestique et les grandes orgues. Il ponctuait de ses roulements tous les événements de la vie, il soulignait les joies et il rendait plus profondes les peines. Il faisait aussi rebondir les colères et encourageait au combat. La vie des Noirs devint bien morne en devenant silencieuse, car les sons nourrissaient leurs rêves. Ils aimaient à s'étourdir dans le bruit et le rythme qui noient les cerveaux et les empêchent de penser. Car à quoi auraient-ils pu penser, dans leur condition misérable, qui pût être agréable?

Le tambour d'acier

L'homme qui est à l'origine de cette brimade est le véritable inventeur d'un instrument de musique étonnant : le *steel-drum*. Grâce à lui et bien involontairement, la Trinité a pu devenir le paradis de la musique aux Antilles. Ce tambour qui gronde dans la nuit des temps a, on le voit, une résonance musicale, mais aussi politique, qui fait mieux comprendre un peuple. L'Europe et l'Asie ont inventé les instruments à vent, à cordes et les cuivres, et la Trinité les aciers. C'est peut-être le début d'une révolution musicale. Lorsque le tam-tam fut banni et que les pasteurs firent chanter aux Antillais noirs des hymnes chrétiens anglo-saxons, les fidèles ne purent s'empêcher d'y introduire leur goût du rythme en tapant dans leurs mains, marquant le contre-temps pour remplacer les tambours. En syncopant les mélodies, ils créèrent les *sankeys*, ce que l'on appelle sur le continent américain les *negro spirituals*. On voit bien par là d'où vient l'originalité de la culture antillaise, qui puise à diverses sources, sans en rejeter aucune, malgré les contraintes du passé. Pour tourner l'interdiction et retrouver leurs tam-tams, les Antillais de couleur durent ruser. Ils inventèrent dans un premier temps un instrument bizarre formé par l'assemblage de couvercles de lessiveuse retournés et remplis d'eau, sur lequel on faisait flotter un autre couvercle plus petit dans le bon sens. Échappant à la définition légale du tambour, l'instrument fut toléré par les autorités.

Des luttes tribales

Un peu plus tard fut mis au point le *bambou-tambou* (le tambour de bambou), instrument plus perfectionné que le simple tambour, puisqu'il comprenait plusieurs tiges de différentes longueurs, capables d'émettre plusieurs sons.
En 1920, la police s'avisa que le bambou-tambou servait en réalité beaucoup moins à la musique qu'à rythmer et soutenir les bagarres entre quartiers. A Port of Spain, on se battait, sans beaucoup de raisons, d'un quartier à l'autre, comme jadis là-bas en Afrique d'une tribu à l'autre. En fait, chaque quartier était habité à peu près exclusivement par les originaires d'une même tribu. Les policiers, faute de pouvoir empêcher ces batailles tribales, interdirent le tambour de bambou qui les accompagnait.
En 1930, un nouvel instrument surgit de l'imagination populaire : il était à

Un métier difficile : accordeur de tambour d'acier.

base de couvercles de boîtes à ordures. Il eut tant de succès que la ville retentissait nuit et jour d'un infernal vacarme, auquel s'ajoutaient les clameurs des ménagères à la recherche de leurs poubelles. D'améliorations en perfectionnements, on en arriva au *steeldrum*, ou tambour d'acier. Le tournant décisif fut pris pendant la guerre, où l'armée américaine abandonna sur place de nombreuses touques d'hydrocarbures.

A la conquête de Beethoven

L'orchestre métallique s'agrémenta, aussi, de différentiels de voitures et de clairons. Un mauvais garçon de Port of Spain, Winston Simon, découvrit un jour que les différentes parties d'un bidon d'essence pouvaient fournir des notes différentes et qu'il suffisait pour cela de donner au métal une forme particulière. L'on réussit ainsi à emboutir dans la tôle les notes de la gamme. En tâtonnant et en hésitant, les premiers pionniers de la « casserole » (c'est ainsi qu'ils baptisèrent leur instrument) réussirent à tirer des mélodies de leur ferraille. Au début ce furent des calypsos, mais le *steel-band* s'est par la suite lancé à la conquête de la grande musique. La transcription de la *Cinquième Symphonie* de Beethoven pour tambour d'acier ne manque ni de pittoresque ni de saveur.
La violence de la Trinité retrouva, avec le *steel-band*, un nouvel exutoire. Les vieilles rivalités reflambèrent. Les musiciens des *steel-bands* se regroupèrent par affinités raciales et constituèrent parfois de véritables « gangs », abandonnant volontiers leurs « casseroles » pour le couteau à cran d'arrêt. Dans les titres des journaux, le mot *steel-bandman* remplace celui d'*assassin*.
Et puis, un jour, quelqu'un s'avise que cette musique d'acier est pleine de charme, que ces instrumentistes, ignorants du solfège mais pouvant extraire de leurs bidons une symphonie, sont de véritables virtuoses. Pris au sérieux, les *steel-bandmen* se détournent peu à peu de la violence, qu'ils réservent à leur musique, et deviennent des héros nationaux. Aujourd'hui, les temps de la terreur musicale sont oubliés : le *steel-band* compte parmi les industries exportatrices et se répand peu à peu dans toutes les Caraïbes.

De la biguine au calypso

La biguine a ses lettres de noblesse : on la connaît bien en France, où elle eut une certaine vogue. Mordante jadis, elle parlait d'amour et de politique, mais des gouverneurs peu mélo-

Costume traditionnel des Antilles françaises, où l'on danse la biguine.

Danseurs de limbo à Tobago.

On chante aussi à Cuba.

manes l'ont tant censurée qu'ils ont réussi à l'affadir et à la réduire à une simple musique de danse où les paroles stéréotypées ne comptent plus guère. On connaît moins bien le calypso, dont les échos nous sont parvenus relayés par l'Amérique, où le chanteur Harry Bellafonte, Antillais de langue anglaise, contribua à en faire le succès.

On s'interroge toujours sur le terme de *calypso*. Pourquoi a-t-on donné à cette musique le nom d'une déesse grecque? On hasarde que ce pourrait être un mot d'un dialecte africain, déformé par les Antillais. D'autres rappellent que c'est à bord d'un navire baptisé *Calypso* que les premiers colons Français arrivèrent à la Trinité.

Au siècle passé, les ménestrels antillais, les *chantwelles*, chantaient la romance lors du carnaval à l'abri de tentes ou de huttes de bambous ou de palmes.

A la lueur des *sébis* (torches d'étoupe trempées dans le pétrole), on venait écouter les troubadours, accompagnés par des tambours et des instruments à percussion (tels que des bouteilles frappées avec des cuillers), puis, par la suite, par de véritables orchestres composés d'une clarinette, d'une flûte, d'une contrebasse, d'une guitare et d'un violon.

La musique et la politique

Au moment du mardi gras, les *chantwelles* inventaient des couplets sur les événements de l'époque, et, quelquefois, encouragés par l'auditoire, improvisaient de nouveaux couplets au fur et à mesure. Le public frappait dans ses mains et reprenait en chœur le refrain. On utilisait le plus souvent le patois créole.

Maintenant la tradition, le calypso

Le « calypso » est un véritable chansonnier.

contemporain traite, sur le mode plaisant, de tous les événements de la vie locale ou internationale. Le calypso rappelle les chansonniers français par leurs paroles, mais leur texte est servi par de très belles mélodies sur des rythmes qui invitent à la danse.

L'un des plus célèbres chanteurs de calypso, Attila, devenu par la suite « The Honorable » Raymond Quevedo, député, fut élu triomphalement grâce à ses calypsos aux premières élections de la Trinité dans les années 30. Une de ses rengaines fit alors florès. Son refrain se terminait par :

Ne votez pas pour Gaston Johnson,
Votez pour Cipriani.

C'était un Corse que les habitants de la Trinité considéraient comme le champion des déshérités, le père du syndicalisme et de l'émancipation de leur pays.

Il suffit d'écouter ce qui se chante dans les rues de Port of Spain pour prendre la température de l'île. Les chanteurs se choisissent des noms invraisemblables qui marquent leur intention de ne pas trop se prendre au sérieux et qui donnent le ton général à toute l'affaire, caustique, mais bon enfant. Parmi les plus célèbres, il y eut ainsi Richard Cœur de Lion, qui céda la place au Grand Marlborough, qui prit peur devant le Tueur de Zèbres, qui se trouva lui-même désarmé devant « Spitfire ». C'est aujourd'hui Puissant Passereau qui tient le haut du pavé. Il naît au moins un calypso par jour. C'est le journal musical de la Trinité.

La fraternité du carnaval

Le carnaval de Fort-de-France prétendait rivaliser avec celui de Rio. C'est dire qu'on ne prend pas, à la Martinique, l'affaire à la légère. Mais l'ampleur et l'éclat de la fête (elle durait, naguère, un mois) ont, de nos jours, décliné. Rien de comparable, en tout cas, assurent les anciens, à celui de Saint-Pierre, avant que la capitale martiniquaise disparaisse sous la nuée ardente de la montagne Pelée. Les deux pôles de réjouissances restent le mardi gras et le mercredi des cendres.

Le mardi gras, les diables en rouge dansent de folles farandoles sur la « levée » — la principale artère de la ville — en chantant et en dansant. Le mercredi des cendres, jour des diablesses, tout le monde se résigne au noir et blanc; paradoxalement, les visages noirs disparaissent sous une couche de craie. On porte le deuil de « Vaval » (Carnaval), qui inexorablement doit disparaître ce jour-là. Mais cet enterrement païen donnera lieu à un gigantesque *vidé* (défilé, parade, farandole) des diablesses, qui se terminera par l'immolation dans les flammes de « Vaval ».

C'est, aussi, l'une des dernières occa-

116   *Combat de coqs à Haïti.*

sions de porter les costumes traditionnels : adieu foulards, adieu madras !

Toutes les îles célèbrent Carnaval avec plus ou moins de faste. Celui d'Haïti reste haut en couleur. Mais l'un des plus fastueux est, sans conteste, celui de la Trinité. Les couleurs y brillent d'une gaieté exceptionnelle et les costumes y font l'objet d'une recherche somptueuse. La musique, aussi, confère au carnaval de la Trinité un entrain particulier.

Partout, le carnaval est une occasion de fraternisation. Dans le tourbillon des danses et des musiques s'oublient, pour quelques heures, les différences de classes et de races. Et pendant ces moments d'abandon un peuple entier vibre à l'unisson.

La passion dans les « pitts »

Venus d'Angleterre, du pays de Galles, d'Irlande et peut-être également du nord de la France, les combats de coqs foisonnent aux Antilles. Ils donnent même lieu à des rencontres « internationales » où s'affrontent dans les *pitts* (enceintes de combat) les champions de la Trinité, ceux de la Guadeloupe ou de la Martinique.

Les affrontements des volatiles belliqueux déchaînent autant de passions que les courses de taureaux. Des paris considérables sanctionnent ces luttes que des centaines de spectateurs suivent haletants. Au fond du *pitt* surchauffé, deux petites boules de plumes bondissantes se livrent un duel cruel. Entre chaque manche, les propriétaires soignent l'animal qui porte leurs espoirs et leur fortune, comme on le fait pour les boxeurs : éponge mouillée pour rafraîchir les pugilistes et friction au citron vert pour arrêter les hémorragies et redonner du courage.

Le combat reprend. Les mouvements se font plus lents et plus lourds. Enfin, sur un ultime coup de bec et d'ergots, l'un des adversaires restera immobile, comme inerte. C'est la fin. Les billets changent de main.

Cette lutte sans merci, les hommes la pratiquaient, jadis, avec le *laghia* — danse de mort d'origine africaine. Elle subsiste encore à la Martinique sous le nom de *damier*. Mais les danseurs ont, Dieu merci, perdu le rasoir qui armait leur pied et avec lequel ils devaient mettre à mort leur adversaire. Aussi, au fil des années se transforment et parfois se perdent les coutumes qui ont traversé les océans et la nuit des temps, mais que le temps de la télévision et du plastique relègue peu à peu au musée des souvenirs.

La joie du carnaval à Cuba.

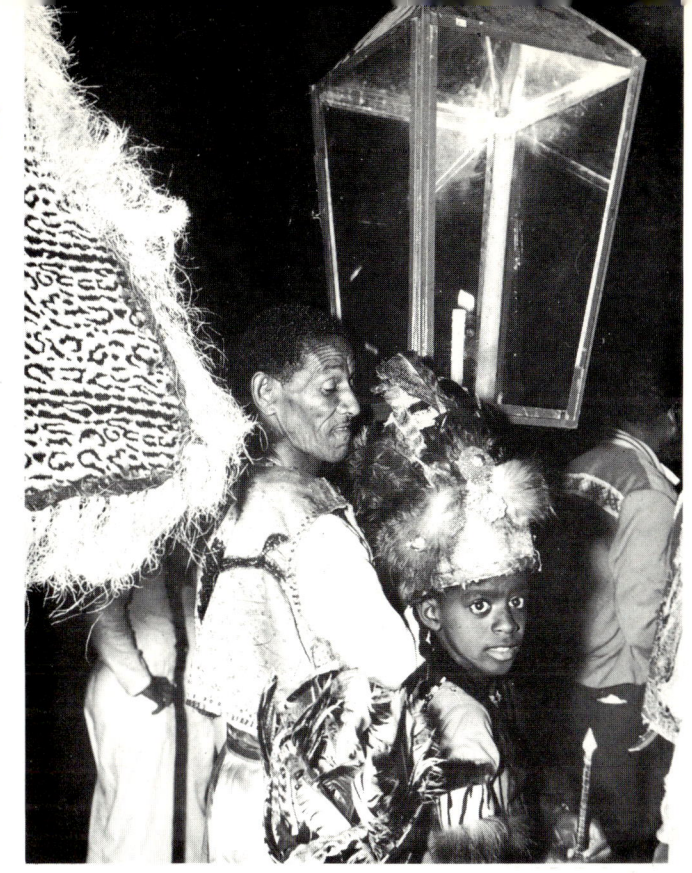

LES TRADITIONS A CUBA

Les traditions folkloriques ont elles aussi, comme il se doit dans un pays qui met tout en œuvre pour retrouver sa personnalité, été soigneusement protégées et encouragées. Un Institut d'ethnologie et de folklore a été créé par la révolution dans le cadre de l'Académie des sciences. Il existe également un Centre d'études africanistes, qui s'attache à retrouver les sources des rites de la population noire.

Les chansons et les danses

Vaudou, *nanaguismo* et autres pratiques communes à tous les pays afro-américains des Caraïbes et du Continent étaient en principe interdits avant 1958. Le régime actuel les « respecte » officiellement en tant qu'expression culturelle. Mais il est évident que ce respect scientifique tend également — et c'est un des buts poursuivis — à dépouiller ces rites de leur substance explosive et irrationnelle. Il s'agit bien d'une « folklorisation », et les campagnes cubaines n'ont plus aucune chance aujourd'hui de fournir au curieux un frisson semblable à celui que procure encore parfois un authentique vaudou haïtien. La lutte contre l'analphabétisme et l'intégration rapide des Noirs à la vie nationale sur un pied d'égalité réelle avec les Blancs ont contribué efficacement à faire passer de la clairière à la scène, de la spontanéité au spectacle ce genre de manifestation.

L'ensemble folklorique national, en revanche, contribue efficacement à redonner aux chants et aux danses traditionnels de la vieille Cuba leur pureté originelle. Détrônés par la rumba et le cha-cha-cha d'exportation, les anciens *guajiros*, expression mélancolique et charmante de l'âme paysanne, sont remis en honneur. La fameuse *Guantanamera* est devenue une sorte d'hymne officieux de la révolution.

La chanson cubaine moderne puise elle-même son inspiration dans une tradition aussi vivante et généreuse que la chanson espagnole. Immédiatement reconnaissable, connue dans le monde entier, sa source ne s'est pas tarie. *Esther Borja*, *Bola de Nieve* et bien d'autres continuent aujourd'hui, avec d'innombrables ensembles populaires, toujours excellents, à maintenir le prestige du genre.

Les traditions nouvelles

Mais il y a traditions et traditions. Les fêtes locales d'autrefois n'ont pas disparu. Pas toutes, du moins. A Santiago de Cuba, un carnaval pittoresque,

abondamment arrosé de « baccardi », fait éclater une fois l'an sa joie de vivre. Mais dans ce pays assiégé, dont la population est l'objet d'une mobilisation permanente, les nouvelles traditions révolutionnaires ont pris naturellement le pas sur les anciennes.
Ces traditions, ce sont les grands départs à l'aube pour la zafra, la récolte de la canne; ce sont les immenses rassemblements de volontaires citadins travaillant la terre sur le Cordon de La Havane, et qui savent faire une vraie fête de cette corvée patriotique. Ce sont aussi les discours de Fidel Castro, ces discours interminables et persuasifs, prononcés d'une voix douce, sur le ton de la conversation, par un pédagogue-né qui voudrait tout expliquer à ses compatriotes. C'est enfin cette grande kermesse populaire de la place de la Révolution à La Havane, qui, dans la nuit du 31 décembre au 1er janvier, rassemble autour du chef incontesté des dizaines de milliers de Cubains dans une extraordinaire atmosphère de liesse et de ferveur, dans un prodigieux contraste de frénésie tropicale, puis de soudaine gravité lorsque, à minuit, une silhouette haute et massive, en treillis vert olive, se découpe brusquement dans le faisceau des projecteurs pour donner à son peuple de nouvelles raisons de « tenir bon » et d'espérer dans la fierté des lendemains qui chanteront d'eux-mêmes.

Scènes de carnaval à Port of Spain, la capitale de la Trinité. Le carnaval de la Trinité est en effet, comme on peut le voir sur ces deux pages, l'un des plus fastueux et des plus colorés des Antilles.

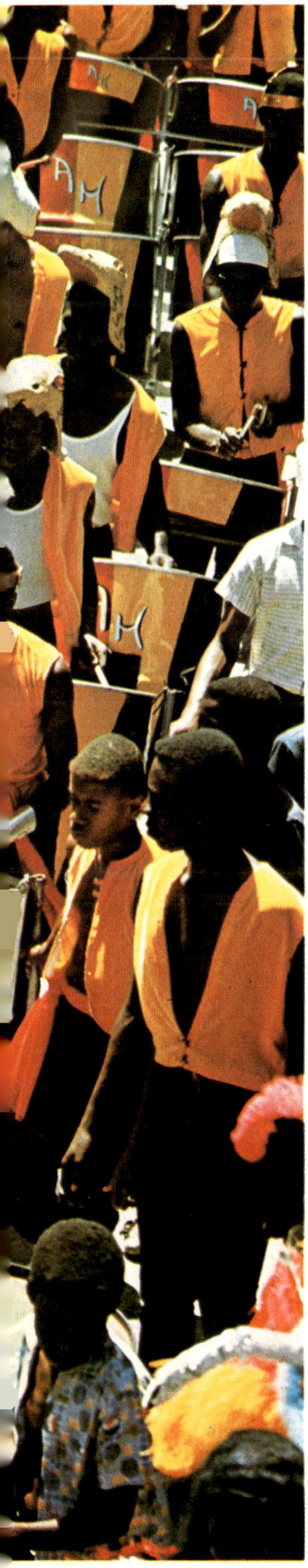

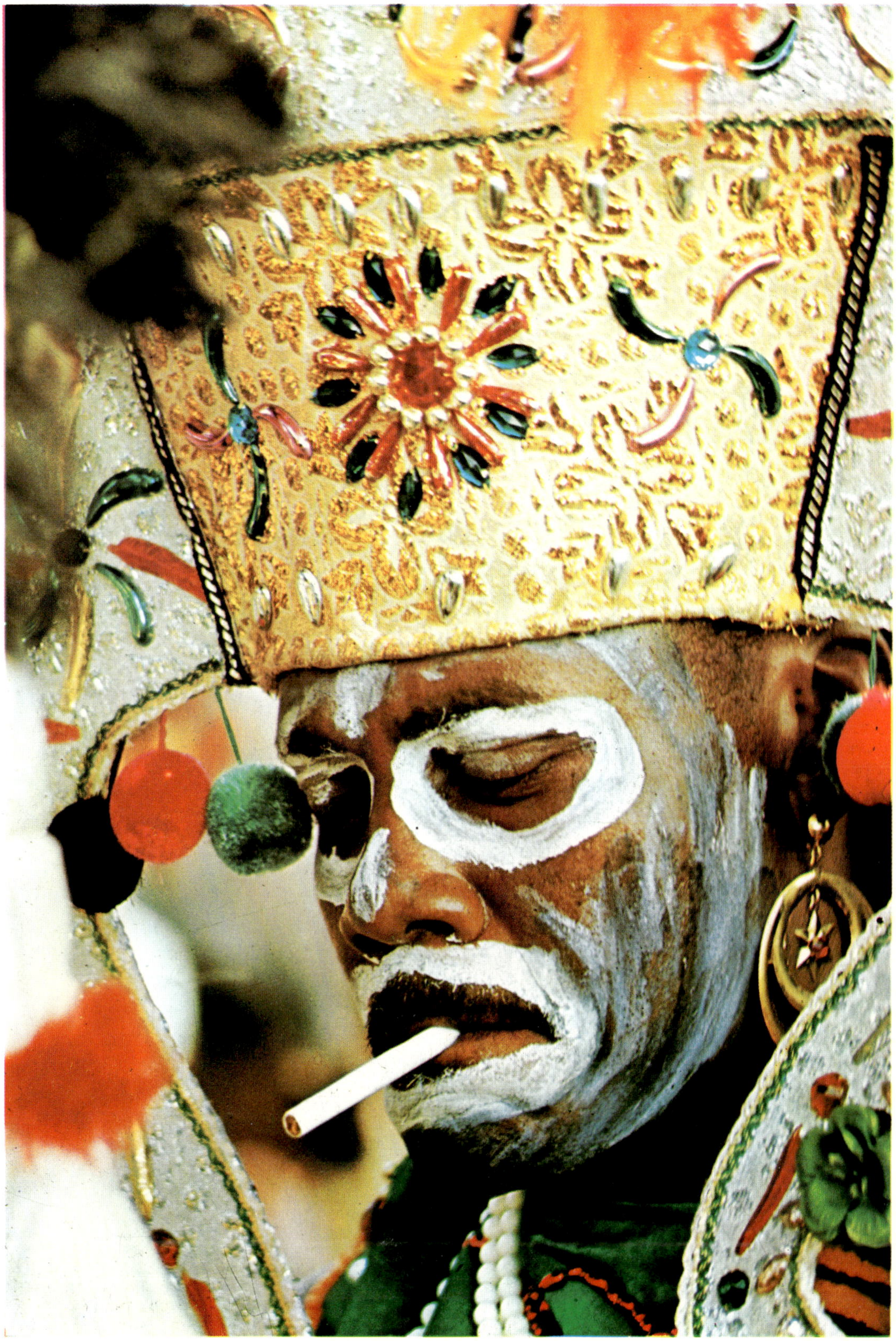

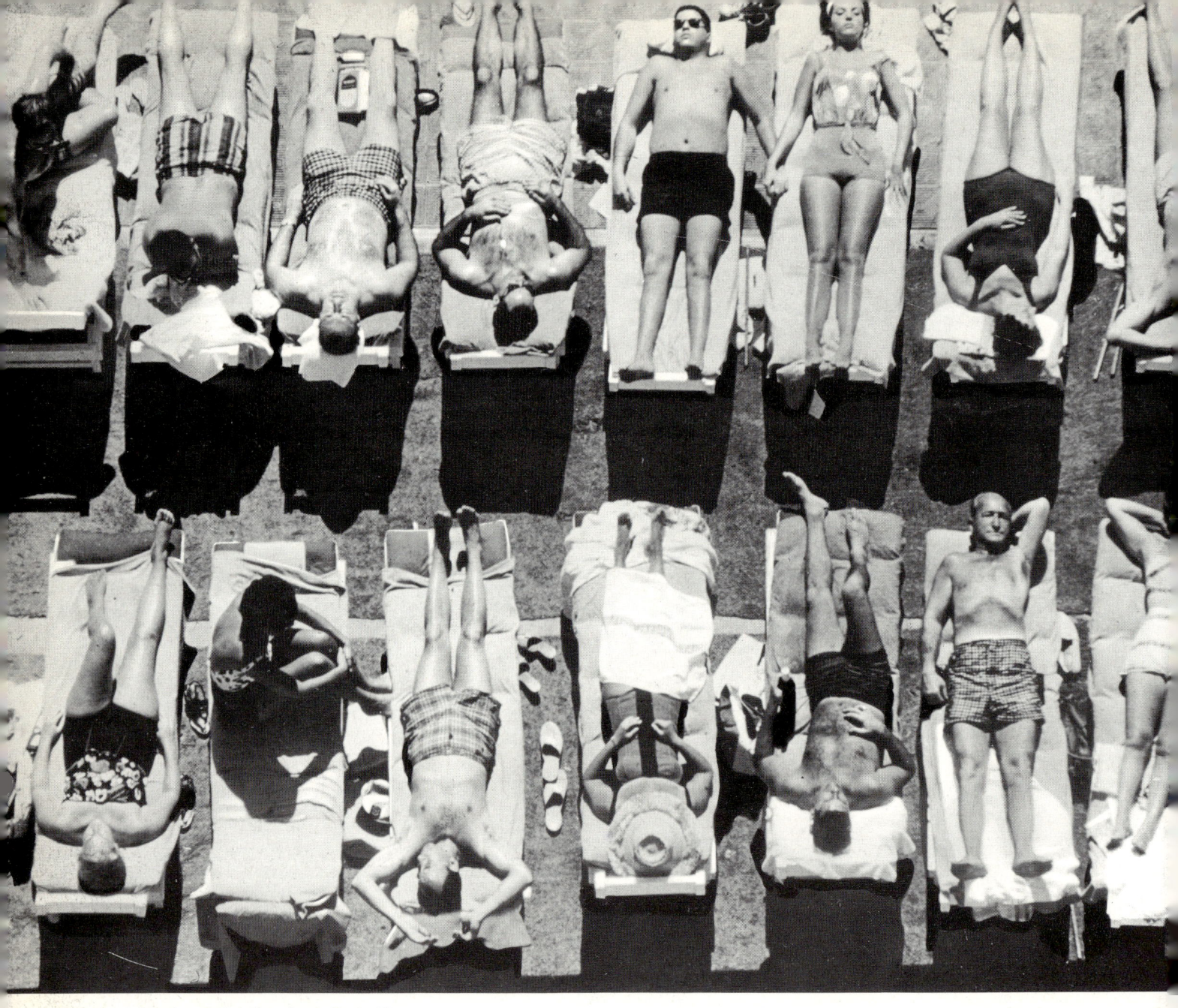

Bains de soleil à San Juan, Porto Rico.

Les vacances

Comme les gens de ces pays ont toujours l'air d'être en vacances, ne serait-ce que par leur allure suprêmement détendue, leurs vêtements d'été toujours plus gais que nos sinistres armures de laine, et cette façon qu'ils ont de prendre les choses par le bon côté alors qu'ils travaillent comme chacun d'entre nous et que les soucis ne leur manquent pas non plus, disons qu'on se sent tout de suite à l'aise.

Et quand on leur demande quelle est la meilleure saison, aux Caraïbes, pour passer de bonnes vacances, ils vous répondent qu'ils n'y ont jamais pensé, qu'ils se trouvent bien là toute l'année et que cela les ennuierait beaucoup d'aller vivre chez nous. Tout juste admettent-ils, en se payant un peu votre tête, une grande saison des petites pluies et une petite saison des grandes pluies, comme s'il pleuvait tout le temps! Avec le soleil qui ne cesse jamais de briller, surtout lorsque vient de tomber une bonne pluie tropicale et rafraîchissante, c'est leur façon à eux de différencier l'hiver de l'été. Alors? L'été? L'hiver? Tout dépend d'où l'on vient, des ténèbres du froid et du cafard urbains? En février, c'est évidemment divin! Mais je le dis tout net : à trois degrés près, c'est bon en toute saison, c'est excellent!

Graham Greene, lui aussi amoureux des Antilles, y a écrit une délicieuse nouvelle qui s'appelle : « Moins cher en août... » Car tout y est beaucoup moins cher en août, c'est vrai, il faut y penser tandis que l'on s'écrase à prix d'or sur la Côte d'Azur. L'héroïne de Greene fait donc des économies et, en plus de cela, elle trouve naturellement, au bord d'une calme piscine, une aventure sentimentale fort étrange. En août, c'est évidemment plus facile : on est moins nombreux, on lie plus vite connaissance, on se sent un peu plus languissant, et le rhum monte peut-être un peu plus vite à la tête...

Boulevard du rhum

Je ne dis pas qu'il faut s'y mettre, car rien n'est plus facile. La chaleur vous y aide, et les gouttes de sueur légère qui perlent de votre front sur le bout de votre nez ne sont que le punch que vous venez de boire et qui déjà s'en va, visiteur tonique et discret, délicatement parfumé; rien de commun avec le remugle de cale des vieilles goélettes à rhum! Ce qu'il faut, c'est s'y laisser aller, surtout en vacances, et après le coucher du soleil, quand le vent du soir se lève, car il n'y a pas d'Antilles sans rhum et de Caraïbe sans punch. A ce seul mot de rhum, le long du boulevard caraïbe, chaque île est prête à se battre au nom du meilleur rhum des Antilles, le sien, évidemment, et je vous donne le conseil de ne jamais mettre en doute la primauté absolue de ce que vous êtes en train de boire. Fort bon, d'ailleurs, et n'importe où dans les îles, car l'Europe est loin, où le « baba-grog-rhum » qu'on nous propose surprend les Antillais de passage au-delà de toute imagination. Disons simplement que quelqu'un qui souhaiterait finir ses jours comme un gentleman des tropiques, c'est-à-dire bercé dans un fauteuil à bascule par une fine main chocolat, sous la varangue, avec un verre de punch blanc aux lèvres et la bouteille prête pour le suivant, celui-là ne devrait jamais quitter la Martinique, où les félicités les plus rares descendent en flots précieux depuis les plantations de canne de la montagne Pelée.

Je parlais d'un plaisir de gentleman, car le punch n'est pas une boisson bête ni une boisson d'irresponsable. On ne se grise pas au punch comme au « calva » ou à la « fine », car il y faut la conscience rare du bonheur qu'on éprouve à le boire. Et à le préparer,

Touriste américain avec son inévitable caméra.

Cocktails servis dans la piscine de l'hôtel, à la Jamaïque.

tout est là. Sirop de canne, rhum blanc ou vieux — pour ma part, je préfère le blanc, incomparable, qui vous donne l'étrange impression de boire le paysage tropical avec tous ses parfums —, citron vert, un cube de glace, une cuillère à long manche pour remuer le tout, un soin méticuleux dans le dosage tout à fait personnel et qui peut varier selon l'heure, la circonstance, les amis qui vous entourent, l'humeur..., car le punch, c'est aussi une osmose. Il faut apprendre soi-même, et personne ne saurait vous y aider. Le verre de punch que l'on va boire, rien qu'à le regarder, parfaitement parfait, la joie vient. Toutes les Antilles tiennent dans ce verre, vos vacances avec, et l'on pourrait tirer un trait...

A la voile sous les alizés

Il y a également le soleil, l'eau bleue translucide, les plages blanches de sable si fin et les cocotiers penchés, toujours dans le même sens d'ailleurs, ce qui est un peu lassant. Et là aussi, on pourrait tirer un trait, si l'on est d'humeur paresseuse, et se contenter de l'inévitable matérialisation du dépliant touristique, ce qui n'est déjà

Vue prise du Beach Hotel, à Sainte-Lucie.

Saint Vincent : un yacht à l'ancre dans la baie de Cumberland.

Saint-Barthélemy : le port de Gustavia.

Équitation, Jamaïque.

pas mal : vivre au milieu d'une photographie en couleurs, beaucoup de touristes ne paient que pour cela, et les Caraïbes tiennent ce qu'elles promettent. Que les hôtels se ressemblent un peu, ou beaucoup, beaucoup trop — d'une île à l'autre, rien ne change, même pas la monnaie, qui reste le dollar américain partout, ou la cuisine à tendance « internationale », et la langouste un peu fade (encore de la langouste!), ni la lenteur proverbiale du service, et les sourires plutôt moroses du maître d'hôtel antillais que cela changerait visiblement de traiter enfin un touriste à peau noire —, mais qu'importe, vous leur tournez le dos toute la journée, et la nuit tombe tôt et vite. Devant vous, il y a la mer, le ski nautique, ou la pêche sous-marine de poissons devenus trop malins. Votre compagne fait des mines avec ses jambes, exactement comme sur la photographie du dépliant touristique. Il n'y a que votre ventre un peu gras qui détonne, mais avec le brunissage rapide du tropique, voilà que vous devenez presque beau. Ce résultat acquis, c'est alors que vous allez ouvrir les yeux pour de bon, et... Je suis passé par là, voici quelques-unes de mes notes : « Saint-Vincent : une île verte magnifique, avec des plages blanches et des cocotiers; Sainte-Lucie : une île verte magnifique, avec des plages blanches et des cocotiers; Cariacou : une île verte assez jolie, avec des plages blanches et des cocotiers... » Quelque chose ne va pas? C'est que vous valez mieux qu'un touriste : voilà que vous avez besoin de sensations. Alors je vous dis : embarquez! Embarquez sur un navire à voiles, il en reste, bien que les Caraïbes aient perdu leurs dieux de la flibuste, de la

Empreintes sur le sable Jamaïque.

guerre en jambe de bois ou du commerce romantique en dentelles, du temps que des milliers de voiles blanches masquaient toutes les passes entre les îles. Être dieu, aux Antilles, c'est se tenir les jambes écartées sur un pont, entendre le vent dans les cordages et la voile qui claque aux virements de bord, tandis que défile la côte des colonies futures et que le maître du bord vous propose un punch glacé. Le punch est compris dans le prix, car vous êtes à bord d'un navire charter. Certains sont magnifiques, des trois-mâts du temps passé, avec des équipages de roman, mais tout le confort intérieur que mérite le cher « hôte payant ». D'autres, plus modestes — les plus petits mesurent quand même quinze mètres! — vous offrent en prime un somptueux cadeau : la sensation de votre utilité à bord, tirer sur une écoute, par exemple, lover une voile, ou même tenir la barre tandis que la femme du capitaine surveille vos mouvements du coin de l'œil, qu'elle a vif et fort joli, car les femmes des capitaines de ces petits charters sont toujours ravissantes. Vous vous croyez dans un film d'aventure, tout net. Je ne sais si cet autre plaisir vous sera réservé, mais j'ai chassé la baleine au large de Bequia, dans les îles Grenadines. Avec une caméra, bien sûr; ne jouons pas au captain Achab, le jeu serait trop dangereux. Sous mes yeux, les trois dernières baleinières de Bequia, à l'aviron, harpon lancé à la main, comme jadis, attaquaient Moby Dick! C'était sublime!

Un dernier conseil : embarquez au nord des Petites Antilles, pour faire route vers le sud, au grand largue, l'allure royale. Dans l'autre sens, les navires de Nelson, lorsqu'ils remontaient nord, tiraient un bord sans fin jusqu'au large de la Jamaïque! Le vent n'a pas changé...

Capitaines du temps passé

... Les bases navales de jadis non plus, occupées aujourd'hui par les flottes des voiliers charters, dans les Petites Antilles du Nord. Et vous y ferez d'une pierre deux coups, liés au passé et jouissant du présent : que peut souhaiter de mieux un touriste intelligent? English Harbour, d'abord, dans l'île d'Antigua, que l'amiral Nelson appelait « un sacré trou à cyclone! ». Le paysage est extraordinaire, si l'on a le courage de monter jusqu'au fort — Fort-George, bien sûr — qui commande la passe, alors que justement s'y glisse l'un des voiliers de rêve du célèbre commodore britannique Nicholson, amiral des charters. Des esclaves enchaînés dans l'entrepont, des barils de rhum en pyramide entre les mâts, une belle captive dans la chambre arrière, imaginons! imaginons!... Et cependant Nelson détestait Antigua, insensible au paysage, comme un bon militaire. Il s'y ennuya trois ans, à seule fin de permettre aux Anglais d'aujourd'hui d'avancer d'un pas ému dans les pas du héros national, parmi les bâtiments fort bien conservés qui montrent parfaitement ce qu'était une base modèle de l'invincible Royal Navy, à la fin du XVIIIe siècle : les énormes cabestans à virer, au bord du quai aux larges dalles, les colonnes de l'immense voilerie, les voûtes fraîches du quartier général où les officiers, en habits dorés, se ruinaient le foie à la santé du roi, non loin de la maison de l'amiral Nelson, où Nelson, qui n'était pas amiral à l'époque mais simple capitaine, ne vécut jamais! Bien qu'on montre sa chambre aux touristes, jusqu'au lit où il a rêvé du plan de la bataille de Trafalgar! Que ne raconte-t-on pas aux touristes, n'importe quoi! Mais l'ambiance de bon ton vous semblera précieuse, vous la rencontrerez rarement aux Antilles...

Non loin d'Antigua se dresse Saint Kitts, le Saint-Christophe des Français. J'y ai joué à l'archéologue, cherchant et trouvant la résidence d'un autre grand marin, le bailli de Malte, chevalier de Poincy, gouverneur des Indes occidentales pour le roi Louis XIV. On vous indiquera sa maison, qui domine la mer Caraïbe. Vous écartez quelques poincénias, la fleur qui porte son nom, et c'est l'escalier élégant pour chaussures à rubans. Vive la vieille France! En 1690, les Anglais s'y installèrent, mais sans parvenir à changer le nom et l'aspect de la capitale, Basseterre, un trou charmant où l'hôtel est si désuet qu'on pleure enfin d'attendrissement. Les charters s'y arrêtent, pour saluer le Fort-Brimstone, imposant, lequel répond à coups de canon, imaginons! imaginons... Mais on voit les gueules des canons de marine, les batteries sont intactes.

Aux îles Vierges, on n'imagine plus rien. Le seigneur de ces îles, roi de Danemark, fourvoyé aux Antilles par contagion coloniale, fort embarrassé de cocotiers peu familiers, vendit tout cela aux États-Unis pour la plus grande joie de millions de touristes du Dakota ou du Wyoming. Des millions! Comme la marabunta, ils ont tout avalé, jusqu'aux navires charters basés à Saint-Thomas, voiliers déshonorés par la promenade en mer de la vulgarité, au moteur!... On y vient surtout pour le whisky à deux dollars la bouteille du port franc, dans un vacarme de tiroirs-caisses. Comme on est loin des capitaines... Ah! Shoping! Shoping! que de crimes en ton nom!...

Voyage à l'île de la Tortue

Pour les imaginatifs qui aiment rêver derrière des créneaux se découpant sur la mer où, pendant trois siècles, les flottes de cinq nations s'entr'égorgèrent à l'abordage ou au canon, d'autres hauts lieux existent dans chaque île: le Fort-Charles, à la Jamaïque, d'où le pirate Morgan partait piller Panama à la tête de 2 000 forbans; les forts de Curaçao, où les Hollandais se battaient courageusement et en bons Hollandais, c'est-à-dire pour la seule prospérité du commerce; les murailles espagnoles de Porto Rico ou de Saint-Domingue, d'où les galions chargés d'or appareillaient en secret... pour tomber inévitablement dans quelque embuscade, comme si les Espagnols jouaient malgré eux le rôle de banquier des Caraïbes!

Et puis, il y a la Tortue, une petite île au nord d'Haïti.
Quartier général et repaire des frères de la Côte, on en connaît les descriptions savoureuses dans les Mémoires du chirurgien Excemelin ou du capitaine Borgnefesse. Les frères de la Côte y survivent curieusement par une plaque commémorative qu'ils posèrent dans l'île... en 1969, à la gloire de leurs grands ancêtres. Le grand maître de l'Ordre des Frères de la Côte, capitaine

Chutes de la Dunn's River, Jamaïque.

français du voilier de plaisance *Léopard-Normand*, bénéficiant de longues vacances, y déposa cette plaque et s'en fut épouvanté par l'insécurité du mouillage, après quoi il démâta dans une tempête au large des Bahamas, exactement comme aux temps jadis. On peut voir cette plaque dans un coin du poste de police haïtien de la Tortue, où des militaires peu romantiques la

Buffet de l'hôtel Caravelle, à la Guadeloupe.

Golf de Dorado Beach, à Porto Rico.

contemplent d'un air incrédule. Frères de la Côte, corsaires, pirates, tout a disparu. Pas un vestige, pas un canon. Et je m'amuse beaucoup à la lecture des récits fantaisistes qu'en font des historiens modernes qu'on n'a jamais vus à la Tortue. Car moi j'y suis allé, et je vous conseille d'en faire autant.

Des vacances? Cela dépend comment on les conçoit. Si vous atteignez le petit port de Saint-Louis du nord, en Jeep ou en car, avec un peu de chance, demandez à la Mission catholique française de vous indiquer le « passeur » attitré. En contemplant l'espèce de pirogue à voile et l'ampleur de la traversée, n'ayez pas peur : le capitaine est un excellent marin. Ne soyez pas effrayé par la voile faite de sacs de farine et les cordages en bouts de ficelle : vous recevrez sûrement tout cela sur la tête à un prochain virement de bord, mais rassurez-vous, l'équipage sait monter au mât pour les réparations de fortune. Tout ce que vous aurez à faire, c'est de servir de lest d'un bord à l'autre à la demande du capitaine. Inutile de guetter les requins du coin de l'œil, ils sont très nombreux mais on ne les voit pas : autant les oublier. La traversée dure une heure et demie par vent favorable, mais j'en connais qui passèrent neuf heures à louvoyer dans les vents contraires. Et le touriste en vacances, amateur de voile, apprend une chose extraordinaire

Piscine au bord de la mer, aux Bahamas.

Le yacht de la reine d'Angleterre ancré à Scarborough, Tobago.

et qu'il a complètement perdue de vue, à savoir que la voile est d'abord un moyen de transport et de propulsion pour les marins qui n'ont pas de quoi s'offrir un moteur. Il n'existe pas un seul moteur sur toute la côte nord d'Haïti!

L'île oubliée

Au demeurant, une fois débarqués à la Tortue, pas de quoi vous prendre pour des héros. L'ambassadeur de France y vient régulièrement, l'ambassadeur de Suisse aussi, des écrivains, des peintres, des journalistes, le nonce apostolique, des idéalistes américains, des petites bonnes sœurs bretonnes, des dominicains, on y rencontre des gens passionnants, attirés par l'hôpital catholique du P. Ryou et par l'isolement, la beauté et le climat de l'île. Tout est simple. Dans la case du sergent de garde, il y a un téléphone modèle 14-18, mais qui fonctionne, l'autre poste au bout de la ligne se trouvant à l'hôpital. Un coup de fil, une voix joyeuse qui vous souhaite la bienvenue, on vous envoie les mulets!... Car ça monte raide jusqu'au Palmiste, « capitale » de l'île, à 250 mètres d'altitude. Si vous avez lu les Mémoires d'Excemelin, chirurgien de la flibuste, vous connaissez déjà le sentier abrupt par lequel dévalaient les corsaires français, brandissant leurs rapières, les jours d'attaque anglaise ou espagnole. Et quelle découverte magnifique sur le détroit et toute la grande île montagneuse, de l'autre côté! Avec un bon mulet, on grimpe en une heure. Il m'a fallu trois heures, tant c'était beau, tant je m'arrêtais souvent!

Les touristes intelligents se plaignent de passer à côté de tout, de ne pas « voir vivre » les habitants, d'être coupés du pays réel par leur nature même de touriste. Au Palmiste, tout cela change, appréciez-en l'unique saveur! Ne cherchez pas l'hôtel, bien sûr, il n'y en a pas. L'hôpital vous recevra, gîte et couvert simples, comme pour eux — curés bretons, médecin français, infirmières suisses, personnel haïtien — et comme aux temps anciens où le voyageur frappait tranquillement à l'huis des couvents et des hospices. Vous en apprendrez plus en leur compagnie, à l'heure du punch bien gagné du soir, que dans tous les hôtels à touristes que vous n'avez pu éviter (et, à propos, soyez généreux en partant, d'autant plus qu'on ne vous demandera rien), car ils aiment tellement ce pays, ils sont intarissables : je me souviens d'une extraordinaire histoire de montagne hantée par les zombis et franchie à cheval par un moine-évêque, lequel me racontait comment les paysans de la région s'étaient épuisés toute la nuit à décourager les esprits maléfiques à grande sarabande de tambours vaudou, pour que l'imprudent pût leur échapper vivant, ce qu'il fit fort tranquillement, au grand délire des paysans, persuadés d'avoir enfin vaincu la clique effrayante de Baron-Samedi!

Le Palmiste est un joli village, sur le plateau, d'où l'on voit la mer des deux côtés. Entre deux rangées de toits de chaume, une longue rue de terre battue rouge. Les habitants vous saluent, vous sourient, vous saluez, vous souriez, c'est merveilleux! Si l'averse tropicale vous surprend, réfugiez-vous dans n'importe quelle case, on vous recevra avec plaisir. Je vous recommande la cérémonie des couleurs sur le seuil de la case-caserne, quand l'étrange garnison se déploie : six lieutenants, un capitaine et un seul et unique soldat. Ou bien l'entraînement des recrues, pour la plus grande joie du village assemblé : ah! ce pas de l'oie mal scandé par de larges pieds nus, si mal adapté à ces grands corps harmonieux! A l'hôtel de ville — vous ne pouvez pas vous tromper, c'est inscrit en toutes lettres et en français au fronton d'une case attendrissante — entrez sans hésiter : le maire et ses adjoints boivent du rhum et tapent la carte, ils seront enchantés de vous voir. Le samedi et le dimanche, suivez la foule, allez à la fête. On joue de l'argent, sur les combats de coqs, au bonneteau, à toutes sortes de jeux de cartes. Jouez aussi, et pas plus qu'eux, quelques centimes. Si vous avez le bonheur de perdre, vous ferez partie de la famille. Et quand vous irez danser, le soir, sous les grands arbres à la sortie du village, les plus jolies filles viendront vous inviter, au son de la plus merveilleuse et de la moins connue des musiques de toutes les Caraïbes. Comme il est loin, l'hôtel Z, à Port-au-Prince, où vous vous êtes tellement ennuyés!

Et visitez aussi l'hôpital, si vous n'avez pas peur de la vérité...

La huitième merveille du monde

Vous la trouverez aussi en Haïti, un pays qui se mérite, certes! mais qui n'a pas son pareil, dans les Caraïbes, pour qui veut « muscler » ses vacances, ou les meubler solidement. Chapeau bas! Voici l'œuvre inimaginable du roi Christophe. Un extraordinaire personnage! Il régna sur le nord d'Haïti, de 1804 à 1820, sous le nom d'Henri Ier, roi d'Haïti. Un mélange de Louis XIV et de Napoléon, bâtisseur de palais, de forteresses, d'entrepôts, mais surtout administrateur de génie. A la lecture de ses décrets et lois innombrables, on se délecte : c'est pesé, pensé, prévu. C'est à lui seul qu'il faut se référer, pendant cent ans, dans l'histoire d'Haïti pour trouver des traces d'ordre et de prospérité. Une espèce de pharaon noir, génial. Et comme tous les êtres exceptionnels, il lassa tout le monde par l'excès de ses projets grandioses, et son peuple l'abandonna. On connaît sa fin tragique : une balle d'argent qu'il se tira dans la tempe. Après quoi, le peuple dansa et les guignols se disputèrent le pouvoir... non sans lui avoir élevé une statue équestre sur la place d'armes de Port-au-Prince.

Rien n'a changé en son royaume, dans l'arrière-pays de Cap-Haïtien, et si l'on veut y pénétrer il faut lui emprunter son cheval (la randonnée dure une journée). Il avait bâti sa capitale en pleine montagne, et là, loin des villes pourries, il se mit à construire sa légende et à faire vivre ses rêves. Le roi Christophe était né esclave et avait envie d'un palais : il se fit donc construire un palais, sur le modèle exact de celui du roi de Prusse à Potsdam.

Les deux portent le même nom : Sans-Souci. Le Sans-Souci haïtien, malmené par un tremblement de terre, reste proprement stupéfiant : escaliers d'apparat, salons gigantesques, chapelle monumentale où un évêque pour rire célébrait des messes solennelles, où l'on ne riait pas, casernes de hussards, appartements pour la cour. Car il y avait une cour! A Sans-Souci évoluaient des personnages noirs en perruques blanches, habillés de soie, affublés de titres étranges : duc de Marmelade, prince de Limonade, comte de Grosse-Dondon, général-duc de Saltrou et d'autres, tous des anciens esclaves qui prenaient leur revanche, et pourquoi pas! Chacun son tour!

Encore plus haut, encore plus loin dans la montagne, à trois heures de cheval de Sans-Souci, le roi Christophe construisit une incroyable citadelle. Je le dis tout net : l'apparition de ce fabuleux vaisseau de pierre au sommet d'un piton isolé, avec son éperon de maçonnerie fendant le flot vert des monts de l'Artibonite, reste l'une des plus fortes impressions de ma vie de voyageur. Huitième merveille du monde, pyramide des pharaons, les équivalences sont rares. Vingt mille travailleurs, menés à coups de fouet, périrent dans cette aventure, écrasés par les canons et les pierres géantes auxquels ils étaient attelés, avalés par les précipices ou tués par l'épuisement. On ne saura jamais combien de sueur et de sang la réalisation de ce rêve a coûté au peuple haïtien. Cette terrible citadelle fut bâtie par crainte d'un retour offensif des Français. C'est un défi des Noirs aux Blancs, un défi admirable et unique en pays noir, un défi qui symbolise la sombre détermination du roi Christophe et de tout son peuple de rester libres, à n'importe quel prix!... « Ci-gît le roi Henri Christophe » : c'est gravé sur la dalle de sa tombe, au sommet de la citadelle. Il n'est pas interdit de méditer. Je l'ai fait, empoigné par ce sombre décor à la mesure d'un destin hors série. On y entend la plainte d'Aimé Césaire, dans sa très belle « Tragédie du roi Christophe » :

Le feu s'est éteint dans la grande maison,
Le grand feu dans la grande maison,
Le roi est mort!

Pêcheurs de la Guadeloupe.

Régates à Fort-de-France, Martinique.

Plus prosaïquement, j'ajoute que la ville de Cap-Haïtien, point de départ de cette randonnée, inexplicablement délaissée par les clients des agences touristiques, est une ville délicieuse. Dans les rues à la française, maisons de pierre comme à Saint-Malo, flotte encore le souvenir de Pauline Bonaparte : une femme incomparable qui collectionnait les amants noirs pendant que son mari, le général Leclerc, collectionnait les batailles perdues. Les habitants s'en souviennent. Aux Blancs que nous sommes, ils tendent une main loyale, amicale et sans complexes : ils nous ont infligé de telles défaites, jadis!...

Ici naquit Joséphine, impératrice des Français

De Pauline à Joséphine, il n'y a qu'un pas, un peu d'eau bleue à franchir, d'Haïti à la Martinique, au fil de l'Histoire que suivent en ce moment nos vacances. Sœur et femme de Bonaparte, elles se détestaient, c'est notoire, trop semblables par leur langueur, leur charme, leurs intrigues et l'amour que le grand homme leur portait à toutes deux. Mais si la première connut les rivages antillais, c'est justement parce

*L'île anglaise d'Antigua.
Ci-dessous : chasseur sous-marin
et son butin.*

Transparence de l'eau au large de Buck Island (îles Vierges américaines).

Les vacances

que la seconde y était née. Créole blanche, fille de planteur maître d'esclaves, Joséphine fut à l'origine de l'envoi des troupes du Premier consul aux Antilles, expédition organisée pour rétablir l'esclavage dans les îles... comme dans les plantations que possédait Joséphine ! Mais oublions cette tache sur un destin unique. Imaginons qu'à la Martinique nous avons remonté le temps jusqu'en 1763, année où naquit Joséphine Tascher de La Pagerie. Les paysans étaient noirs, et esclaves. A l'époque, on trouvait cela naturel, et Joséphine ne s'en étonnait pas. En parcourant les champs de canne, sur les pentes admirables de cette île-vedette, vous en subirez les souvenirs : si vous regardez les coupeurs de canne avec trop d'insistance, si vous tentez de les photographier dans leurs vêtements de travail, la machette à la main, vous risquez des protestations brutales, car l'esclave coupait la canne dans ce même appareil, et l'homme libre s'en souvient ! Dans leurs châteaux coloniaux, dont beaucoup existent encore de nos jours et achèvent un paysage magnifique, les aristocrates de l'île formaient une société raffinée, aimable et sans soucis, à l'image de celle que la Révolution détruira en France en 1793. Et c'est dans cette ambiance précieuse qu'à une jeune créole de quinze ans une magicienne de l'île prédit tout simplement : tu seras plus que reine...

Au domaine de la Pagerie, actuelle propriété d'un historien de goût, mulâtre amoureux de Joséphine, elle vécut jusqu'à l'âge de dix-sept ans. Sa maison détruite par un cyclone, elle habita la sucrerie, toujours debout, tandis que sa mère avait installé son salon dans une petite dépendance intacte, aujourd'hui transformée en un musée charmant. Il y a des fleurs partout, Joséphine les adorait. En remontant le cours d'un petit ruisseau ombragé, on parvient à un bassin d'eau profonde où se baignait Joséphine. Elle y connut, dit-on, ses premières amours, dans les bras d'un bel esclave. De là à supposer que l'expédition de Saint-Domingue prit naissance ici-même, dans des souvenirs plus tard reniés...

Il faut rêver, il faut penser, il faut réfléchir quand on voyage, sinon pourquoi tant se déplacer ? Et je pensais — et vous penserez — en visitant ces lieux où grandissait la jeune créole, à cette lettre que lui écrivit plus tard son mari : « Je n'ai pas passé un jour sans t'aimer. Je n'ai pas passé une nuit sans te serrer dans mes bras. Je n'ai pas pris une tasse de thé sans maudire la gloire et l'ambition qui me tiennent éloigné de l'âme de ma vie... » C'était signé : Napoléon !

Pompéi caraïbe

Toujours à la Martinique, au musée de la ville de Saint-Pierre où sont rassemblés les objets témoins d'une catastrophe tristement célèbre, une affiche de mai 1902 annonce *les Cloches de Corneville*, jouées au théâtre de Saint-Pierre par les artistes de l'Opéra-Comique de Bordeaux. Le théâtre est toujours là, murs et scène sans toits, comme toutes les maisons mortes de cette Pompéi que fut la capitale des Antilles françaises. Vous y êtes : le théâtre joue pour la dernière fois,

Plaisir de la plage, à Buck Island.

mais les comédiens ne le savent pas. Ni les habitants de cette ville prospère, dont les calèches se succèdent au pied de l'escalier du théâtre. Tous ceux qui parlent, autour de vous, dans le grand hall, qui se saluent pendant les entractes, qui applaudissent les comédiens, tous ceux-là seront bientôt morts, calcinés, et avec eux la ville entière. Un des plus terribles assassinats collectifs dont la nature se soit rendue coupable...

L'assassin ? Il vous domine, omniprésent : la montagne Pelée, un volcan — d'où s'échappent encore aujourd'hui des fumées dramatiques mais contrôlées — qui n'avait jamais donné le moindre signe d'inquiétude avant ce matin du 8 mai 1902...

A 8 heures, c'est l'éruption, d'une violence extraordinaire. A 8 heures

Une attraction de la Jamaïque : descendre le rio Grande sur des radeaux.   *Chasse sous-marine près de Nassau, aux Bahamas.*

5 minutes, Saint-Pierre n'existe plus. Les photographies du musée sont intensément présentes. Les voiliers brûlent dans le port. Un fleuve de feu, une nuée de soufre et de feu ont recouvert toute la ville. Rien n'a résisté. Le fer a fondu, comme en témoignent tant d'objets transformés en d'étranges sculptures, machines à coudre, stocks de clous, rouleaux de fil de fer... Les corps se sont dissous, après une immense clameur aussitôt étouffée. Trente mille morts. Une catastrophe dont la Martinique se ressent encore. Car ses 30 000 habitants, Noirs, mulâtres ou Blancs, en proportions égales, formaient l'élite de la Martinique, modérée, cultivée, quelque chose que soixante années ne suffisent pas à refaire complètement...

Statues abattues par le volcan iconoclaste, voici la cathédrale détruite, que les fidèles s'apprêtaient à remplir ce matin-là. Bien entendu, le volcan est le seul coupable. Mais Dieu avait curieusement choisi son jour : le jour de la fête de l'Ascension, 8 mai 1902. Les autorités aussi, qui refusèrent d'évacuer la ville — alors que depuis le 2 mai le volcan grondait et crachait — et qui exhortèrent même la population à rester sur place, prêchant d'exemple, gouverneur en tête! Pourquoi? Incroyable! Parce qu'on devait voter à Saint-Pierre, le 8 mai 1902, pour des élections paraît-il importantes! Tous morts pour la démocratie!

Tous morts, sauf un. Dernier détail insensé : d'un cachot aussi étroit et épais qu'un four à pain, toujours visible et intact dans la cour de la prison, on retira le seul survivant : un criminel condamné à mort. Étrange jugement de Dieu. Il s'appelait Siparis. Il fut gracié par la suite.

Au retour de cette excursion, par des paysages à vous couper le souffle, nul doute que vous ne couchiez à Fort-de-France, chef-lieu de la Martinique et très vieille ville française, souvenez-vous : française bien avant Nice, avant Chambéry, avant Ajaccio, avant Avignon. La langue chantante que vous entendez, dont vous saisissez quelques mots aux terrasses des cafés accueillants qui entourent la place de la Savane, c'est le créole, sixième langue latine. Tandis que, entourée de quatre

Jeunes Noirs à une fête foraine, à la Martinique.

palmiers royaux, la statue blanche de Joséphine regarde, par-delà la mer Caraïbe, celle du roi Christophe, à Port-au-Prince, l'homme qui chassa la belle Pauline. Tout cela, c'est de l'histoire de France...

Un petit coin bien tranquille

Vous savez, celui que le touriste cherche partout, et qui devient de plus en plus difficile à découvrir, même aux Antilles. Surtout aux Antilles, serais-je tenté d'écrire, tant le phénomène concentrationnaire hôtelier se développe le long des grandes lignes aériennes. Justement, pour gagner l'archipel des Saintes, à trois quarts d'heure des côtes de la Guadeloupe, c'est dans une vedette assez rustique qu'il faut embarquer. La récompense est au bout du voyage.

Une rade splendide, propice à tous les plaisirs de l'eau; mais, surtout, l'accueil et la présence des Saintois. Ils sont 2 000, Français de race blanche ou très claire, petits-fils de Français, Bretons même. Leurs barques, dans le port, mais ce sont les doris de Saint-Malo. Et ce petit phare, au bout de la jetée : en provenance directe du dépôt des phares et balises de la République française. La république elle-même trône au centre de la petite place bien française, un splendide objet d'art, une Marianne monochrome et tutélaire, fabriquée à la chaîne au siècle dernier par les aciéries du Creusot. Un petit port sur la Côte d'Azur, tout simplement, mais qu'auraient déserté les fous de la ruée estivale. Bref, le paradis! Calme. Très calme. Endormi, même, à l'ombre de ses bistrots... La bouillabaisse y porte un autre nom, mais aussi savoureuse, et pour rien!

Pas de crimes, pas de meurtres, pas de délits, pas de contraventions... et pas d'automobiles. Heureux Saintois! On surprend le gendarme dans sa vigne, en short mais képi sur la tête, en train de soigner les grappes qui lui rappellent son Midi natal : du raisin sous le tropique! Il y faut, vraiment, une obstination de gendarme... et le microclimat idéal des Saintes.

A la mairie de Terre-de-Haut, « capitale » de l'île, c'est encore la France qui est présente. On bute sur une pancarte : le percepteur recevra vendredi de 8 heures à 13 heures. Qu'on se console! Aux Saintes, il ne prend pas d'argent, il en donne! Car ces braves gens seraient bien en peine de lui verser quoi que ce soit. Parce qu'ils se contentent, pour vivre, en philosophes des îles, d'aller pêcher leur déjeuner : ce qui suffit peut-être à remplir leur estomac — et le vôtre —, mais pas leur porte-monnaie...

Calmes, pacifiques, pas trop bavards, il leur reste de leurs origines de beaux visages de pirates, comme on n'en voit plus qu'au cinéma. Car s'ils sont peu bretons d'aspect, bien qu'ils se

Plage privée d'un hôtel, à Antigua.

prétendent tous Bretons, surtout les plus foncés d'entre eux, c'est bien à des corsaires qu'ils ressemblent, sous leurs immenses et martiaux chapeaux de paille. Corsaires, ils le furent. Pirates aussi, pour le roi, du temps de leurs aïeux. Et on leur dit « Bonsoir, capitaine! » Comme à Saint-Malo.

N'en déplaise aux gens en vacances, certains cimetières méritent d'être visités. Voici donc celui des Saintes. Ce n'est pas la mort que j'y vois dans tous ces noms français sur des croix, mais la vie. Tant de vies qui ont été vécues, de génération en génération, et dont le total, vertigineux, ne se fait justement que dans les cimetières. Le visiteur doué d'un cœur et d'une imagination peut y écouter, dans le silence, tous les bruits de la vie aux Saintes, depuis quatre siècles...

Pour rire à Saint-Martin

A Saint-Martin, patrie de l'illogisme, pour ma part, j'ai beaucoup ri. J'espère que cela vous amusera : savez-vous qu'on a le toupet, en plein XXe siècle, de perpétuer cette extravagance que représente une île de 93 kilomètres carrés et peuplée de 7 600 habitants, coupée proprement en deux par une frontière historique! D'un côté c'est la Hollande et de l'autre c'est la France! Incroyable : tout y est en double!

Un gouverneur hollandais règne sur Philipsburg au nom de la reine Juliana. Il a ses bureaux, ses fonctionnaires buveurs de bière et de gin, et dépend de Curaçao et de La Haye. Poste hollandaise, bien sûr. École hollandaise,

Chapeaux de paille à Pétionville, Haïti.

évidemment, où l'on s'obstine à apprendre le néerlandais aux petits Saint-Martinois. Capitale hollandaise bien propre, Philipsburg, avec frontons à la façon des Pays-Bas, est consacrée au petit commerce style « shoping » et située à 5 kilomètres de la capitale française. Entre les deux capitales, voilà deux ou trois ans, il n'y avait pas le téléphone, à moins de passer, en toute simplicité, par Amsterdam et Paris!

Le sous-préfet français, à la bonne franquette républicaine, règne sur Marigot. Il a ses bureaux, ses fonctionnaires buveurs de pastis et de vin rouge, et dépend de la Guadeloupe et de Paris, ce qui est naturellement très commode pour régler les problèmes de l'île avec son voisin hollandais, car tous deux, traditionnellement, se doivent d'être brouillés. Poste française, bien sûr. École française, évidemment, où l'on enseigne le français aux petits Saint-Martinois qui n'apprennent pas le néerlandais. Capitale française plus méridionale d'aspect, consacrée au même petit commerce avec parfums et cognacs en plus — ce qui énerve les Hollandais —, où l'on paye en francs français, tandis que le florin hollandais a seul cours à Philipsburg, et où le courant électrique de 110 volts fait face au courant hollandais de 220 volts : les jours de panne, non connectés, les deux courants s'ignorent!

Ajoutez à cela deux gendarmeries, l'une en képi, l'autre en casquette, qui balaient deux cours de caserne à Marigot et à Philipsburg; deux tribunaux avec deux législations différentes, mais sans accord d'extradition, ce qui fait que l'on n'y juge jamais personne, car il suffit aux coupables de passer la frontière pour se refaire une virginité (résultat : Saint-Martin détient le record mondial d'escrocs en fuite au kilomètre carré); deux hôpitaux, qui ne sont même pas complémentaires; deux réseaux routiers, le français en goudron, le hollandais en ciment, pour lesquels on a importé des machines à grands frais depuis les deux métropoles : à la frontière, on soude la route et les automobiles comparent; et deux drapeaux bleu blanc rouge, mais pas dans le même sens!

De toute manière, les Saint-Martinois s'en moquent, car ce sont des Noirs venus des îles voisines, qui ne parlent qu'anglais, qui ne comptent qu'en dollars et qui ne sont ni Hollandais ni Français. Une très jolie salade...

De très jolis hôtels, également, dont l'un passe à juste titre pour le plus cher des Caraïbes : fini de rire!

Des sentiers sur la mer

Je parlais tout à l'heure des lignes aériennes principales que sont les routes antillaises, bientôt aussi encombrées que nos routes européennes pendant les week-ends. Si l'on a deux sous de bon sens, comme en Europe il faut lâcher la grand-route et choisir un quelconque sentier — il n'en manque pas aux Antilles —, c'est-à-dire une ligne aérienne secondaire, avion de cinq places en général, qui vous ouvre, bien plus promptement qu'à la voile, un paradis encore intact de petites îles innombrables. Aucun courage n'est spécialement requis, ni même un portefeuille particulièrement garni, mais simplement une brosse à dent, un costume de bain, quelques douzaines de dollars et des idées, surtout des idées.

Saba, par exemple. Mille habitants qui construisent des bateaux à six cents mètres d'altitude et qui brodent de la dentelle. Treize kilomètres carrés. Qui connaît cette île invraisemblable, volcan éteint plongeant dans la mer comme une forteresse? L'atterrissage est sportif, mais depuis sept ans que mon ami José y pose chaque jour son avion, aucun accident n'a marqué ses prouesses. Avant l'ouverture de la ligne, les Sabatins, isolés de tout, contemplaient la mer qui les enfermait, eux et leurs maisons-bijoux ensevelies sous les fleurs dans le cratère du volcan. Cette espèce de prison-jardin avait cependant une ouverture sur l'extérieur, qui fut la seule pendant trois siècles : un vertigineux escalier taillé dans la pente du

Pêche au thon dans la mer des Caraïbes.

volcan, depuis le bord de la mer jusqu'au village-capitale. Quand le temps était calme, une goélette mettait en panne au pied de l'escalier et l'on déchargeait à la hâte tout ce dont l'île avait besoin. C'est alors qu'on devait assister à un spectacle extraordinaire : tous les habitants, hommes, femmes et enfants, se succédant marche après marche, comme deux longues colonnes de fourmis, l'une qui montait lentement, lourdement chargée, l'autre qui descendait. Tout cela au milieu de centaines d'oiseaux-mouches, parmi les fleurs en cascades. J'ai passé deux journées exaltantes à explorer cet escalier : les oiseaux-mouches sont toujours là.

A Saint-Barthélemy — 2 000 habitants, 23 kilomètres carrés, capitale Gustavia —, je conseille une arrivée le samedi, pour ne pas manquer le bal à Joe. L'endroit est ravissant. Un petit hameau de pêcheurs et la grande cabane à Joe en bois frais repeint, avec la terrasse en étage s'avançant au bord de l'eau. On prend son billet à l'entrée, comme au bastringue de village, et puis on grimpe. Un monde fou! Les filles assises sur les bancs autour de la piste de danse et les garçons bien gominés, la nuque rouge après tondeuse, qui font les farauds près du bar. Normal, on respecte les usages paysans, vous êtes en Normandie, ici — tous ces gens-là descendent de 100 Normands expédiés par le roi en 1648, accent, façons, allure —, dans un village de campagne comme vous n'en verrez plus jamais. Aux Antilles, cela ne vaut-il pas le déplacement! Et le lendemain dimanche, ne manquez pas la messe au quartier de Lorient, le sermon en patois, la quête où le bon Normand refile un bouton de culotte, et l'envol des coiffes blanches gaufrées et des longues jupes noires, à la sortie. On croit rêver! Comme si les cocotiers poussaient près de Mortagne, ou comme si l'eau transparente et le sable blanc de Saint-Barthélemy baignaient les abords de Bayeux...

Le désert sur la mer

En route vers les îles Caïques (Caicos), depuis Porto Rico, on s'offre le survol du célèbre Banc d'argent : à perte de vue, des milliers de couteaux bruns émergent en rangs serrés de la mer bleue. Là se perdirent corps et biens, en 1643, seize galions espagnols chargés d'or et d'argent, la *Flota plata*, flotte d'argent, et tant d'autres navires au fil des siècles. Et là se donnent rendez-

137

vous chaque année des aventuriers impénitents, à la recherche d'un trésor fabuleux qu'on ne trouvera jamais... Pourtant, cette espèce de cigare très net sous l'eau claire, que le pilote me désignait du doigt, en inclinant son avion, c'était bel et bien une épave oubliée. L'espace d'un instant on renouait avec les phantasmes du passé, car c'est cela aussi, voyager.
Qui va aux îles Caïques, État autonome avec ses timbres-poste, son drapeau et 1 000 habitants? Peu de monde, bien que l'accueil et le site soient inoubliables.

Dans la rade de Port-au-Prince.

C'est Tamanrasset! Devant vous : le Sahara! Cent kilomètres sur cent au moins. Et là-dessus, en dehors de l'oasis où se tient le village, du sable, rien que du sable émergé à perte de vue, mélangé à l'eau de telle façon qu'on se demande si cette immensité existe ou non. De quelque côté que l'on se tourne, c'est le désert sur la mer, le Sahara sur l'océan. Et l'on raconte, aux îles Caïques, l'histoire d'un homme qui voulut savoir, qui partit un matin, seul, à pied, prendre la mesure de cet infini, et n'en revint jamais. Voilà de quoi méditer, ermite du désert que vous êtes devenu, ermite sortant du bain, il est vrai, tandis que la glace tinte dans le verre de punch-planteur...

Un chapeau de paille des Bahamas

On dirait le titre d'une opérette. Et c'en est une, à grand spectacle, jouée chaque jour aux Bahamas, qui marque la mémoire de scènes hautes en couleur et de rengaines entraînantes, surnageant à la surface d'un cocktail de souvenirs où se mélangent trop de hauts lieux du tourisme antillais : Porto Rico l'espagnole à gages, Montego Bay de la Jamaïque périmètre à touristes, la Trinité et son carnaval, Barbade la très britannique et Grenade aux senteurs d'épices, Curaçao la noble batave... Aux aéroports, dans les agences, il suffit de se servir dans l'éventail quadrichromique des dépliants touristiques : tout cela se ressemble un peu — trop de décors hôteliers de rêve, d'orchestres typiques, de nuits au clair de lune sous les cocotiers, de filles brunes et de fruits verts —, comme le programme d'une saison lyrique qui a si bien fait ses preuves qu'on la reconduit chaque année, sans se fatiguer, mais à la plus grande satisfaction de tous. Aux Bahamas, cependant, le spectacle traditionnel atteint la perfection.
D'abord le coup d'œil, somptueux : 690 îles ou îlots, dans un écrin gigantesque moiré de bleu, de brun et de vert! A bord de l'avion qui m'y conduisait, à côté de moi il y avait un homme d'affaires qui me dit : « C'est là qu'il ferait bon vivre! » Puis il se corrigea aussitôt et précisa : « C'est là qu'il faut placer de l'argent! » En effet, à 400 kilomètres des États-Unis, c'est, très exactement, de l'or en barre.
Les Bahamas sont un dominion britannique autonome. Sur les frontons de tous les bâtiments officiels de Nassau, la capitale, on reconnaît la devise de l'Angleterre, laquelle, aux Bahamas, doit être lue de la façon suivante : Dieu, mon droit, et le dollar. La reine Victoria sur son trône, Rawson Square, n'est là que pour mémoire, reine de carte postale, car le vrai roi c'est le dollar. Tout marche comme sur des roulettes, et le gouverneur général anglais, sous son casque colonial blanc emplumé de rouge avec pointe, n'a quasiment rien à faire qu'à écouter la pluie d'or tomber et à jouer aux soldats chaque samedi lorsqu'on relève la garde noire de son palais. La fanfare

Palmiers à Sainte Anne, Grande-Terre (Guadeloupe).

donne le ton, à la grande joie du public, puis parcourt les rues de la ville, un peu comme le joueur de flûte de la légende rhénane : de dix paquebots blancs entassés dans le port comme dans un parking, des milliers de touristes débarquent en musique. Et je vous recommande une jubilation rare : le touriste que vous êtes, profitant du spectacle de milliers d'autres touristes, figuration formidable, où tant de comiques qui s'ignorent ajoutent à l'opérette une saveur incomparable. Landaus attelés avec baldaquins, photographies mutuelles sans fin, défilé de bermudas à hurler d'étonnement, le long des nobles façades roses de Nassau, et c'est très vite le troisième acte : la ruée sur les chapeaux de paille à pompons, aux mille étalages en plein air de la ville, 10 000 figurants hilares essayant 10 000 chapeaux, les adoptant, s'en coiffant et repartant, superbes, au son des fanfares bahamiennes, quel coup d'œil ! Aucun metteur en scène n'a jamais réussi un semblable effet comique de masse. Et en route pour Paradise-Island : casino, restaurants, plages, bars, golfs, sous le soleil, chacun est un spectacle, et à chacun son paradis !

D'autant plus qu'aux Bahamas le vrai paradis reste inaccessible au commun des mortels. Il appartient à un club de luxe, exclusif, qui juge indigne de partager ses piscines et ses plages, et qui s'enferme dans des privilèges exorbitants qu'il a achetés très cher : c'est le club des milliardaires américains. Personne n'entre jamais chez eux, ils sont gardés par une armée privée. Mais comme il leur manque la D.C.A. dans l'arsenal de leurs défenses, je vous conseille l'hélicoptère — on peut le louer dix minutes, cela suffit — pour survoler leur presqu'île, coupée du reste du monde et habitée par des gens qui possèdent 100 millions de dollars ! Tandis que défilent, au bord de canaux artificiels, les palais fabuleux d'une Venise tropicale, on se demande à quel match ils se livrent, à l'abri de leur presqu'île sacrée.

139

Le plus beau yacht, le plus beau parc, la plus belle résidence, la piscine la plus tarabiscotée — mais oui, je le jure, en voici une dont l'eau est rouge! — n'importe quoi! A ce degré-là, tout est possible. Et voici le point d'orgue : un cloître du Périgord, transporté en pièces détachées... avec une piscine au centre, qui aurait bien étonné les moines! Dieu tout-puissant!

Tout cela est d'ailleurs magnifique. Les dollars et le paysage font très bon ménage, et les indigènes bahamiens s'en accommodent de bonne grâce. A l'un deux, pourtant, j'ai posé la question suivante : « Et où est l'âme des Bahamas? » Je n'ai pas obtenu de réponse...

Robinson Crusoé pas mort

Et après tout cela, que reste-t-il? Il reste le mythe à portée de la main, si l'on veut bien consacrer deux ou trois jours à le chercher : l'île déserte au grand soleil, l'île de Robinson Crusoé, ou bien l'île au trésor, puisque Defoe et Stevenson les situent toutes deux aux Antilles. En voulez-vous, des îles désertes? Il y en a encore partout. Complètement désertes, même, car l'Indien Vendredi, exterminé depuis longtemps, ne risque pas d'y laisser l'empreinte de son pied. Pour ma part, j'en ai visité trois, carte en main, trois îles avec des trésors garantis, que je n'ai d'ailleurs pas cherchés. J'y trouvai les restes d'une étrange cuisine, chaudron et troncs calcinés. Qui est passé par là? Un équipage de fortune, borgnes et jambe de bois, menant le boucan des boucaniers... Les habitants du pays ne pourront rien vous dire, puisque les crabes ne parlent pas. C'est dommage. Parce qu'ils savent. Ces crabes de terre creusent toute la journée. L'île est truffée de leurs trous. Et au fond d'un de ces trous, peut-être, un crabe dort sur un coffre fermé : le trésor des pirates! Les pirates, dont la présence sur l'île fut signée par les canons rouillés abandonnés sur le sable... Quelle puissance d'évocation!

Car c'est au cœur des hommes que sont les îles désertes, aux Antilles, les îles au soleil, la mer transparente et le silence, enfin, loin d'un monde impossible. A tourner des îles dans sa tête, peut-être est-ce le cafard qui vient, ou la mélancolie. Je ne sais pas. Moi, j'y trouve le sourire, et je vous souhaite de le trouver. Peut-être n'est-ce même pas la peine d'y aller, qu'importe la réalité! Il suffit de savoir que, quelque part dans le monde, les hommes n'ont pas tout abîmé, et qu'on y est attendu, même si l'on n'y va jamais.

LES VACANCES A CUBA

Le Tropicana est un endroit étonnant. C'est un immense Lido en plein air, surgi il y a une vingtaine d'années de l'imagination délirante d'un entrepreneur de Miami. Des déesses de stuc, style antique, vous font cortège parmi les fontaines aux eaux fluorescentes rose bonbon ou vert pistache qui animent les palmes des jardins. Sur des plateaux à multiples étages reliés par des escaliers de lumière, un *super-show* déroule ses fastes empanachés. Un super-show aussi somptueux que ceux de Las Vegas; comme on pouvait en voir précisément, avant la révolution, au Tropicana de La Havane...

Rien n'a changé. Sauf le public. Aux touristes américains qui faisaient la fortune et la célébrité du vaste *night-club* havanais ont succédé des Cubains très moyens de la ville ou de la campagne qui viennent prendre leur verre en famille en contemplant les ballets fonctionnarisés de « camarades-girls » qui abandonnent périodiquement leurs bikinis de strass pour le treillis et la « machette » des coupeurs de canne. Le même soir, quatre ou cinq grandes « revues » de la même veine drainent le flot des nouveaux noctambules de la capitale. On se bouscule au spectacle de l'hôtel Capri ou du Cabaret parisien de l'hôtel Nacional. Une des conquêtes annexes de la révolution castriste aura été de mettre à la disposition et à la portée d'un public populaire des spectacles réservés jadis aux importateurs de dollars et à la classe privilégiée.

Un sport favori des jeunes : le base-ball.

Tourisme de masse

Parler des vacances à Cuba, c'est donc, avant tout, parler des loisirs, des vacances que peut désormais s'offrir la population cubaine.

Sur ce plan et dans cette perspective de promotion d'un tourisme national de masse, les résultats sont spectaculaires. En reconnaissant à tout travailleur cubain, qu'il soit citadin ou campagnard, le droit à un repos annuel dans des conditions extrêmement économiques, le régime a permis à des centaines de milliers d'ouvriers et de paysans de passer au moins huit jours par an dans un centre touristique, à la mer ou à la montagne.

Dès 1959 était fondé l'Institut national de l'industrie touristique (I. N. I. T.), qui allait prendre en charge toutes les activités de loisirs et rapporter bientôt chaque année à l'État près de 200 millions de pesos. A Varadero, la grande plage élégante à l'est de la capitale, la somptueuse résidence de la famille Du Pont de Nemours abrite maintenant un musée du « capitalisme yankee ». On n'a plus aucune chance, aujourd'hui, de retrouver sur les merveilleuses plages de sable fin les *happy few* d'une société internationale qui entretenait dans son sillage un climat de luxe et de raffinements. Des vagues prolétariennes ont pris le relais, à un rythme soigneusement cadencé par l'administration. Il faut réserver longtemps à l'avance son droit à une villégiature familiale, que ce soit à l'hôtel ou dans les villas abandonnées par la bourgeoisie locale. Il subsiste évidemment une certaine hiérarchie de l'agrément et des commodités en fonction des moyens financiers des estivants. Mais il y a désormais place pour tout le monde à Varadero, comme dans les autres centres balnéaires du Circuit d'azur : Guanabo, Jibacoa, Santa Maria del Mar ou Boca Ciega. Ce n'est pas Acapulco. Mais quel ouvrier ou paysan mexicain peut se payer Acapulco?

Les goûts du public

L'hôtellerie cubaine, au demeurant, reste très acceptable pour un touriste occidental. En dehors des « centres touristiques » créés par l'I. N. I. T. dans la plupart des provinces, les anciens établissements de luxe mettent à la disposition de leurs clients un service que sa fonctionnarisation n'a pas sensiblement déprécié. Initiative sympathique : l'I. N. I. T. a souvent su tirer le meilleur parti du patrimoine artistique du pays. Il restaure de vieilles demeures pour y installer des restaurants à la décoration raffinée et sait orienter avec ingéniosité les goûts du public vers une gastronomie qui doit fatalement tenir compte des difficultés de la conjoncture économique.

Les Cubains ne mangeaient pas de cuisses de grenouilles; c'est maintenant devenu une sorte de plat national dont personne ne se plaint. Le lapin domestique était ignoré; des établissements spécialisés, à l'enseigne du Conejito, l'accommodent de cent façons selon les meilleures recettes françaises. L'effort de création est toujours là. Il est d'autant plus méritoire qu'il est le fait d'une administration d'État et s'adresse en priorité, par la force des choses, aux consommateurs cubains, dont il s'agit en définitive de rendre la vie quotidienne plus agréable.

Les difficultés d'accès à Cuba limitent, en effet, considérablement le nombre des touristes étrangers. D'intelligentes campagnes ont certes été menées par le gouvernement pour attirer vers le « soleil cubain » une clientèle européenne de voyages organisés. Elles ne touchent, à vrai dire, qu'un public assez limité de touristes des pays de l'Est européen, de sympathisants de la cause castriste curieux de voir fonctionner *in loco* ce socialisme original et séducteur.

Le nouveau régime, pour asseoir son prestige, se faire mieux connaître et pallier son isolement par un courant de sympathie universel, a aussi beaucoup invité. Les prétextes étaient multiples. Mais ce mouvement, sous la pression de difficultés économiques accrues, s'est sensiblement ralenti. Cuba cherche son second souffle.

Les citoyens des États-Unis, eux, ont évidemment oublié depuis longtemps le chemin de leurs vacances privilégiées. Les statistiques officielles du gouvernement cubain ont beau mettre en évidence que les apports en dollars des touristes *yankees* ne compensaient pas, finalement, les sorties de devises effectuées par les riches Cubains en voyage à l'étranger, il est néanmoins évident qu'aucune industrie touristique rentable ne peut se développer dans la zone caraïbe sans l'essentielle contribution de la clientèle nord-américaine. Mais cette page-là, Cuba l'a délibérément tournée. Les vacances, ici, ne sont plus une industrie, mais une activité sociale. Et pourquoi les vacances, dans un pays sous-développé, seraient-elles toujours les vacances des autres?

Un paysage séduisant

Le paysage cubain est prodigieusement séduisant. Une des plus belles « cartes postales » antillaises est, à coup sûr, la vallée de Vinales, qui court, à l'ouest de La Havane, vers Pinar del Rio, à travers la Sierra de Los Organos. Au sud, c'est l'île des Pins, un des joyaux de la mer Caraïbe; au centre, Cienfuegos et Trinidad ont su préserver leur charme colonial. A l'extrême est, enfin, l'historique Sierra Maestra domine de ses 2 560 m de haut la voluptueuse province d'Oriente et sa vieille capitale : Santiago de Cuba. Presque partout, on trouvera des hôtels accueillants et confortables. Et sur les côtes, un océan turquoise aux reflets profonds, sur lequel viennent se pencher des aréquiers mélancoliques.

Marchand de jouets à Miramar, la Havane.

La musique

Il y a cinquante ans encore, l'amateur européen curieux de musique antillaise aurait pu refaire le geste de Sarah Bernhardt débarquant à la Martinique. Elle prit une victoria au sortir du bateau et demanda : « Cocher, conduisez-moi à la forêt vierge... »

Musiciens à Maracas Beach, Trinité.

L'itinéraire qu'il nous faut suivre aujourd'hui est bien loin d'être aussi simple, même s'il est admis, une fois pour toutes, que la musique de chacune des îles est caractérisée par une interprétation d'éléments espagnols et africains superposés aux vestiges des civilisations primitives.

Une musique qui accompagne la vie

Ce qui surprendra toujours le voyageur, c'est le naturel avec lequel les populations des différentes îles intègrent la musique à la vie.

« Il est facile, dans ce pays, de dissiper un attroupement tumultueux et de venir à bout d'une émeute, écrivait Louis Garaud. Il suffit d'avoir sous la main quelques musiciens. On leur ordonne de jouer un air de danse, de traverser la foule en courroux sans s'arrêter ni ralentir leur marche. Aussitôt on voit, au son de la musique, les colères tomber, les visages s'épanouir, les jupes se relever, les bras s'arrondir au-dessus des têtes et la marche dansante commencer à travers les rues de la ville, à la suite des musiciens. Aucune émeute ne résiste à pareil moyen... »

Même s'il s'agit là d'une évocation quelque peu idéalisée, c'est dire à quel point l'Antillais est attentif à la sollicitation auditive et en dehors de toute idée de public qui s'assemblerait pour regarder les danses ou écouter les chants. La musique est le bien commun de tous les citoyens, et elle exige leur participation à tous.

D'où l'importance qu'elle a acquise au fur et à mesure des rencontres entre les différentes races, dans le sillage de la civilisation caraïbe, qui semble, elle-même, l'avoir considérée sous son angle incantatoire et magique : calebasse (crotalum des anciens) qu'on agitait pendant les éclipses de lune quand Maboya, le mauvais génie, était soupçonné de la dévorer; ensembles instrumentaux qui comportaient de nombreuses percussions, dont les « cha-cha »; assemblées au cours desquelles on dansait au son d'une flûte et d'une calebasse remplie de graviers qu'une jeune fille agitait, avant qu'hommes, femmes et enfants se livrent sans vergogne à la boisson. (Rapporté par le P. de Tertre.)

Plus tard également, on s'avisa de l'aspect fonctionnel de la musique en constituant des orchestres de « coups de main » composés principalement de percussions pour rythmer l'effort musculaire et en augmenter la puissance. Et le « maître tambourier » qu'on convoquait alors jouissait d'un prestige peu commun.

Mais avant tout la musique était et demeure l'expression suprême de l'être, dans sa joie, dans sa tristesse et dans ses aspirations. Elle règne ainsi dans toutes les îles Caraïbes et coexiste parfaitement, sous cette forme, avec la « musique savante », qui s'adresse à une catégorie d'auditeurs de plus en plus importante.

« Adieu foulards, adieu madras »

Bien des clichés surgissent à l'esprit du profane quand il s'agit d'évoquer la musique des Antilles françaises. « Adieu foulards, adieu madras », attribué au marquis de Bouillé, gouverneur de la Guadeloupe (1770), demeure le plus populaire, d'autant plus que sa mélodie nostalgique accompagne traditionnellement les bateaux qui quittent Fort-de-France pour l'Europe. Mais l'entre-deux-guerres a lancé sur la *biguine* (*C'est la biguine* ou *Biguine à bango* de Charles Trenet) un coup de phare que plusieurs générations n'ont pas oublié et pour lequel une équipe de chanteuses de toutes catégories a pris la relève.

Qui dit biguine dit, en effet, Antilles françaises, et son caractère enjoué correspond bien à la gaieté traditionnelle des îles, sans qu'on sache au juste son origine. Accompagnée par le tambour, le cha-cha et le tibois, elle a pour thèmes favoris l'amour ou la satire, notamment politique, et jadis, en période d'élections, chaque candidat faisait l'objet d'une biguine personnelle. Si la censure a mis fin à cette publicité originale, elle n'a pu interdire les cantiques en rythme de biguine et en créole, cousins germains des *negro spirituals*.

Orchestre improvisé aux îles Vierges.

D'autres danses, moins pratiquées que la biguine, marquent le folklore des deux îles et sont au répertoire de tous les orchestres où clarinette, trombone et banjo (parfois guitare, accordéon ou piano) entourent la batterie : le *damier* ou *laghia*, d'origine africaine et qui évoque une bagarre; la *haute-taille*, voisine du quadrille et constituée par plusieurs figures qu'on reprend indéfiniment; le *bel-air*, qui engage des chœurs et des solistes; le *ting-bang*, en régression, et la *calinda*, qu'on retrouve à Saint-Domingue et que les religieuses dansaient naguère à Noël! Ajoutons la *valse martiniquaise*, très influencée par les rythmes ternaires empruntés aux *zarzuelas*; la *mazurka*, qui va jusqu'à emprunter ses thèmes à la musique classique (on cite couramment la *rouette labadie*, inspirée d'une symphonie de Beethoven), et la *figure*, d'origine française, qu'on danse, du reste, de moins en moins.

Pendant le carnaval, des biguines chantées participent à toutes les réjouissances, et, les deux derniers jours, la tradition veut qu'elles se limitent à la danse de la canne à sucre, où les hommes portent des vêtements féminins, et à la danse des échasses, autre variété de biguine, accompagnée seulement d'une flûte et d'un tambour, et qui constitue un exploit à la fois acrobatique et chorégraphique.

Tous ces éléments folkloriques sont communs aux deux îles, mais il semble que la Guadeloupe les ait conservés plus fidèlement, en ce qui concerne surtout la pureté des lignes mélodiques.

C'est d'ailleurs à la Guadeloupe que naquit, au XVIIIe siècle, un compositeur dont la science musicale était peut-être celle d'un « amateur éclairé », mais qui fut aussi un novateur : le chevalier de Saint-Georges. Il s'appelait, de son vrai nom, Joseph Boulogne, maniait l'épée aussi bien que l'archet, et sa vie aventureuse inspira un long roman à Roger de Beauvoir.

Écuyer de Mme de Montesson, capitaine des gardes du duc de Chartres, il se révéla très vite comme un brillant compositeur, même si ses opéras (*Ernestine, les Liaisons dangereuses, la Fille garçon*) n'eurent que peu de succès. Saint-Georges écrivit deux recueils de six quatuors à cordes, trois sonates pour violon, douze concertos, mais il triompha surtout dans un genre nouveau pour l'époque : la *symphonie concertante*, qui procède à la fois de la symphonie, du concerto et du divertissement. Sa deuxième *Symphonie concertante en « sol » majeur* fournit le meilleur exemple de sa manière si séduisante.

Au pays du mérengué

Il est toujours regrettable d'en être réduit à des conjectures dans le domaine des musiques primitives : en Haïti, leur importance est grande. Nous savons que trente ans après l'arrivée de Christophe Colomb la célèbre Anacoana avait présenté un *arieto* devant Nicolas d'Ovando, avec la participation d'une foule de musiciens et de trois cents jeunes filles vierges! L'arieto, non sans rapport avec l'art des troubadours, était alors un poème lyrique évoquant les exploits guerriers ou les belles heures du passé, que l'on chantait en dansant et en s'accompagnant d'instruments, notamment d'une calebasse piriforme au cou très long et garnie de cailloux ou d'un tambour creusé dans un tronc d'arbre, arrondi et pourvu de languettes sur lesquelles on tapait. La calebasse était si sonore qu'on l'entendait, dit-on, à plus d'une lieue!

Ces danses chantées se sont effacées, comme partout, devant les rythmes et les mélodies importées d'Espagne ou

Ensemble folklorique à la Guadeloupe.

d'Afrique, à l'exception, peut-être, du *zapateado*, auquel certains commentateurs assignent une origine indienne, et de la *calinda*, qui procède de la contredanse française.

Mais s'il faut en croire le *Nouveau Voyage* du P. Labat (1724), la calinda n'avait plus rien de comparable avec le cérémonial propre à la cour du Roi-Soleil. « Elle est dansée, disait-il, au son d'instruments et de chants. Les participants sont placés sur deux lignes, l'une en face de l'autre, les hommes vis-à-vis des femmes. Les spectateurs forment un cercle autour des danseurs et des musiciens. On chante une chanson et tous les danseurs sautent, tournoient et font des contorsions, s'approchent à deux pas les uns des autres, puis reculent et recommencent jusqu'à ce qu'ils cognent leur ventre l'un contre l'autre, après quoi ils se séparent et font une pirouette pour reprendre le même mouvement avec des gestes lascifs... Parfois ils se prennent par le bras et font le tour du cercle, tout en se cognant le ventre et en échangeant des baisers, mais sans perdre la mesure... » Ce que le P. Labat juge contraire aux bonnes mœurs et même à la morale la plus élémentaire!

Interdite en 1654, la calinda devait l'être de nouveau (et toujours en vain!) en 1765, et sa popularité était si grande qu'elle gagna rapidement les autres îles et même la Louisiane, où les Noirs établirent spontanément le lien avec une danse provenant de la côte de Guinée et dans laquelle les danseurs avançaient également les uns vers les autres, puis reculaient.

A Saint-Domingue, le *merengue* est aujourd'hui la danse nationale, et s'il se retrouve en Amérique du Sud (Colombie et Venezuela notamment), son origine dominicaine est indiscutable. En dehors de la traditionnelle calebasse, l'instrument qui l'accompagne est principalement la *marimbula*, sorte de xylophone aux languettes métalliques.

Dès la première moitié du XVIe siècle, la musique importée d'Espagne était, par ailleurs, en honneur à la cathédrale de Santo Domingo, et plusieurs noms de maîtres de chapelle ont été retenus. Mais ce n'est guère avant le siècle dernier qu'on peut évoquer la présence d'une école locale et d'œuvres plus ou moins valables dont les auteurs sont Pablo Claudio, José de Jesús Ravelo, Gabriel del Castillo ou Ambrosio Vega.

Aujourd'hui, l'activité musicale bénéficie de l'impulsion donnée par Juan Francisco García, directeur du conservatoire national, et José Ovidio García. Et tandis que les folkloristes interrogent les documents et les témoignages indispensables à l'histoire lyrique de leur pays, les jeunes compositeurs (Simo, Guzmán, etc.) tentent de l'évoquer dans une syntaxe qui lui soit vraiment personnelle.

L'autre partie de l'« île magique »

Le génie particulier du peuple haïtien, nourri de subtilités rythmiques, d'humour et de poésie rustique, s'est manifesté principalement dans la musique religieuse, destinée aux innombrables manifestations et variantes du culte ancestral africain, et dans celle qui a une signification sociale : chants de travail, de revendications ou de satire.

Une partie des chants africains que les esclaves avaient introduits au début du XVIe siècle a été conservée quelquefois sous ses formes les plus pures, et l'influence de l'élément noir est ici presque aussi importante qu'à Cuba, sans paralyser pour autant l'évolution d'un nouveau style, qu'il soit musical ou chorégraphique. Beaucoup de danses se sont développées au cours d'une période relativement récente, dans lesquelles l'influence européenne est manifeste. La ligne mélodique s'intègre aux structures rythmiques héritées des Africains, et certaines traditions, comme l'emploi du fausset pour le chanteur qui présente l'air, alors que les chœurs le reprennent ensuite en voix normale, sont également des survivances africaines.

L'élément le plus caractéristique de la musique populaire haïtienne est cependant la famille des tambours (les principaux sont le *petro* et l'*assotor*), dont le langage est pour le peuple non seulement plus riche, mais plus significatif que celui des chanteurs. Il existe des tambours de toutes tailles et un très grand nombre de façons de les percuter. Chaque culte et chaque cérémonie de ce culte possède ses tambours propres et son propre style pour en jouer. Ils soulignent les danses rituelles, telles que la *moundongue*, autant que les danses profanes, et notamment le merengue, qui n'est pas sans analogie avec le merengue dominicain.

Quant aux cérémonies du vaudou, elles comportent un très grand nombre de chants et de danses accompagnés par des battements de tambours, eux-mêmes extrêmement variés.

Avec les tambours, la musique populaire utilise également les résonateurs de bambou avec lesquels on frappe le sol, les pièces de fer en forme de sonnette, les bourdes sonores, les trompettes de bambou, les conques et une espèce particulière de marimba aux touches métalliques pincées.

Peu de « musique savante » dans cette partie de l'« île magique ». On a cependant célébré, en 1960, le centenaire d'Occide Jeanty autour d'une marche patriotique intitulée *1804*, et le compositeur Ludovic Lamothe, qui fut élève du conservatoire de Paris, s'est vu salué comme « le Chopin nègre ».

Passion de la musique à Porto Rico

Pour tous les amateurs de musique, Porto Rico, c'est maintenant Pablo Casals. Sa mère, fille d'une famille catalane établie à San Juan, avait gardé la nostalgie de son île natale, et le célèbre violoncelliste allait réaliser l'un des rêves de sa vie en s'y installant

En Haïti, les trompettes de bambou.

en 1957. Depuis cette date, le festival qui porte son nom demeure la plus importante manifestation musicale des Antilles, et le conservatoire dont il est le directeur en draine les meilleurs éléments. Sa création en 1960 répondait, du reste, à un besoin d'autant plus impérieux que le Portoricain est passionné de musique, qu'elle soit populaire ou classique, et les compositeurs rivalisent maintenant d'activité avec les interprètes, certains d'entre eux (comme les frères Figueroa) ayant déjà une carrière internationale.

Cette passion de la musique a facilité l'installation de l'Institut international de musique à San Germán, au sein de l'Université interaméricaine, ce qu'on peut considérer comme une consécration de l'île au regard des esprits les plus éminents.

Il est certes trop tôt pour citer des noms dignes de prendre place dans une anthologie future, en dehors de celui de José María Rodríguez Arreson, théoricien, compositeur et folkloriste, mais le visage classique de la musique gagne, de jour en jour, des adeptes, et sans que l'art populaire en soit pour autant délaissé.

C'est tout naturellement à la tradition hispanisante que se rattachent les chansons et romances (l'*agunialdo*, par exemple, qui est un chant de Noël espagnol) et l'élément africain qui conserve son influence sur les rythmes. Et s'il ne se trouve pas toujours des *bombas* (d'origine congolaise) pour accompagner les danses du même nom, les *steel bands* utilisent des fûts d'essence sur lesquels on tape avec des baguettes!...

Bal populaire à la Martinique.

La Trinité : danseurs au rythme endiablé.

Une équipe de folkloristes, plus attentifs aux chansons et danses portoricaines qu'à l'art d'avant-garde, travaille, depuis une vingtaine d'années, à en assurer le rayonnement. Ce qui peut engager les compositeurs à ne pas perdre le contact avec elle, s'il s'agit de donner son expression à l'âme populaire du pays.

Au pays du calypso

A chaque île sa danse. Ce qu'est la biguine pour la Guadeloupe et le merengue pour Saint-Domingue, le *calypso* l'est pour les îles anglaises, la Jamaïque, la Barbade et la Trinité, sans qu'on puisse affirmer qu'il vienne de Kingston, de Bridgetown ou de Port of Spain.

Il est vraisemblable qu'il a pris naissance parmi les Noirs des plantations, auxquels il était interdit de parler pendant le travail et qui se servaient de la chanson pour communiquer entre eux. C'est l'astuce dont se souviendra Carmen : « Je ne te parle pas, je chante pour moi-même... » D'où le caractère marmotté du calypso primitif et une certaine nonchalance que la danse a conservée.

Après l'abolition de l'esclavage, les réjouissances carnavalesques se l'approprièrent, mais par l'intermédiaire des « calypsonians », qui y exposaient leur petite philosophie dans un langage créole dont ils déformaient à dessein la prononciation.

De chanson devenue danse, le calypso est joué par un petit orchestre comprenant maracas, cordes et instruments à vent, ou, surtout depuis une vingtaine d'années, par des *steel bands* (voir le chapitre Traditions).

LA MUSIQUE A CUBA

L'aventure musicale de Cuba est comparable à celle de toutes les autres îles des Antilles, mais elle seule a connu un décisif épanouissement qui lui assigne maintenant une place de choix dans la musique universelle.

En dehors de quelques instruments, il n'y reste évidemment plus aucune trace de la musique aborigène des Siboneyes et des Taïnos, et la musique populaire d'aujourd'hui résulte, comme ailleurs, de la fusion des éléments espagnols et africains, ces derniers quelque peu affadis par les douceurs de la mer Caraïbe.

C'est cependant de la rencontre des rythmes noirs avec les mélodies et les danses d'origine espagnole qu'est née la musique dite « afro-cubaine » qui a conquis les dancings du monde entier

Le guitariste du restaurant.

et même certains compositeurs, comme Morton Gould, dont la *Symphonie latino-américaine* utilise pour son premier mouvement un rythme de *rumba*, pour le scherzo une *guaracha* et pour le finale une *conga*...

Il convient, du reste, de remarquer que si l'influence africaine a été revalorisée depuis un demi-siècle, la musique d'esprit religieux en a bénéficié autant que la musique légère. Les cultes africains ayant pénétré dans l'île avec les instruments qui leur étaient réservés, on trouve encore des orchestres lucumi, arara, abakwa et kimbisa correspondant à chacun de ces cultes et au groupe qui le pratique, et comprenant un nombre différent de percussions, de cloches et de « drums ». Les percussions y sont particulièrement riches : *tumba* et *conga* (tambours), *bongo* (deux petits tambours), *agogo* (cymbale en métal), *clave* (sorte de castagnettes), *güiro* (sorte de calebasse qu'on frotte), *maraca* (idiophone qu'on secoue), et plus d'un musicien classique en a utilisé les ressources : Gershwin dans son *Ouverture cubaine*, Stravinski dans *le Sacre du printemps*, Varese dans *Ionisation* et Prokofiev dans *Alexandre Newski*.

A cette abondance de percussions correspond naturellement une grande variété de rythmes, la plupart, nous l'avons vu, d'origine africaine (*cinquillo, bembé, conga, caringa, guaracha*) ou, s'ils sont d'origine espagnole (*bolero* ou *rumba*), très « africanisés ». La *rumba*, par exemple, rappelle la marche des esclaves enchaînés : quatre pas en avant et un de côté pour écarter la chaîne.

Les danses les plus typiques pour la période antérieure à 1900 étaient le *son*, la *guaracha* et la *habanera*, et c'est à Cuba même qu'Iradier est venu chercher le secret de *la Paloma* et d'*El Arreglito*, que Bizet devait introduire dans *Carmen*.

Depuis un demi-siècle, rumba et conga ont envahi le marché mondial, et la guaracha, disparue elle-même avant la Première Guerre mondiale, a connu récemment un regain de popularité.

Tout cela sous-entend un folklore complexe et attachant, mais entre les témoignages de l'ethnographie et les produits d'exportation réalisés par les orchestres « typiques » il y a place pour plus d'un malentendu.

Un départ tardif

Assez paradoxalement, étant donné la rapidité avec laquelle la musique européenne a pénétré dans les autres îles des Antilles, Cuba n'en a découvert l'existence que dans le courant du

Rythmes et percussions.

XVIIIe siècle, au moment où le commerce du tabac et du sucre permit l'entretien de petits orchestres et d'ensembles de chambre.

Sans avoir l'éclat des offices de Santo Domingo, ceux auxquels on assiste alors à La Havane attestent la présence de maîtres de chapelle et de compositeurs distingués, notamment Esteban Salas (mort en 1803), qui eut, par ailleurs, le mérite d'introduire à Cuba l'œuvre de Haydn (on sait que Haydn était très apprécié en Espagne, où Charles III le couvrait de cadeaux, et Tomás de Iriarte célébrait son génie dans des strophes d'un superbe lyrisme).

Le siècle suivant verra une longue ascension vers l'expression nationale, favorisée par la présence à La Havane de quelques compositeurs européens, tandis que l'italianisme déferle, ici comme ailleurs. En 1839, on entend à Cuba les premiers opéras italiens, dont l'influence sera décisive sur la carrière d'un Gaspard Villate. Mais, quinze ans plus tard, les Tchèques révèlent la musique de chambre, et des pédagogues comme Edelmann ou de Blanck font la synthèse de ces différentes tendances dans un esprit fidèle à celui des traditions populaires. Il ne manque plus alors qu'un maître de ce nouveau style qu'on désignera bientôt sous l'étiquette « latino-américain » : c'est Ignacio Cervantes, surnommé « le Glinka cubain », dont les *Danses cubaines*, les symphonies et l'opéra *Maladetto* sont autant d'hommages aux éléments folkloriques de son pays, et qui a donné à ses cadets l'impulsion conforme au réveil des nationalités auquel on a assisté à la fin du siècle dernier.

A sa suite, Fernando Ortiz et surtout Eduardo Sánchez de Fuentes consacreront toute leur activité au folklore de l'île, tandis qu'Alejandro García Caturla (1906-1940), considéré comme le plus doué des compositeurs cubains, ne cessera de s'inspirer d'éléments autochtones.

Était-ce là, cependant, l'expression définitive de la musique cubaine, dont la première société officielle, « la Banda de la Policía », créée en 1899, allait se faire le porte-parole?

Il semble que la décennie de 1920 à 1930 ait singulièrement redressé la barre dans un esprit plus attentif au fait musical contemporain : c'est, dès 1922, la création de l'Orchestre symphonique national, dirigé successivement par Pedro Sanjuán, Massimo Freccia, Erich Kleiber et Igor Markevitch, ensemble de premier ordre, travaillant quotidiennement et dont la carrière internationale est l'une des plus enviables; c'est ensuite, en 1927, la publication de la revue *Musicalia*, dirigée par María et Antonio Quevedo, et enfin, en 1930, la constitution du groupe « Renovación Musical », sous la direction de José Ardevol et avec ses meilleurs élèves.

La « Renovación Musical »

Né à Barcelone en 1911, José Ardevol, auteur de deux symphonies, de concertos, de musique de chambre et chorégraphique, est l'un des pédagogues les plus estimés de la jeune génération, et son autorité est indiscutable en matière de musique contemporaine. Il est actuellement directeur de la section de musique du département culturel du ministère de l'Éducation et plus ou moins considéré comme le chef de l'école cubaine.

Parmi les disciples qu'il a réunis sous le pavillon de Renovación Musical, citons : Gisela Hernández (née en 1912, auteur d'œuvres chorales, piano et musique de chambre), Virginia Fleites (née en 1916, auteur de suites, sonata da camera et œuvres chorales), Juan Antonio Cámara (né en 1917, professeur au Conservatoire et auteur de pièces pour piano), Hilario González (né en 1920, auteur d'un concerto de piano et d'une suite de chansons cubaines), Esther Rodríguez, Julián Orbón, Edgardo Martín et surtout Harold Gramatges (né en 1918, auteur de musique instrumentale et chorale et d'une partition pour l'*Icare* de Serge Lifar d'après ses canevas rythmiques). En 1943, Gramatges a, du reste, réuni à son tour quelques jeunes compositeurs pour un nouvel effort de Renovación Musical!

D'autres compositeurs poursuivent leur œuvre sans souci d'un programme précis ou d'une bannière quelconque : Ernesto Lacuona (né en 1896) garde le contact avec l'élément populaire, de même qu'Argeliers Léon (né en 1916 et élève de Nadia Boulanger) et Orlando Martínez (né en 1916, musicologue et folkloriste); Amadeo Roldán (né à Paris en 1900, élève du conservatoire de Madrid et mort en 1939) a été, lui aussi, très attentif à l'effet produit par les percussions dans le domaine de la musique rituelle, et il les a utilisées à outrance dans ses œuvres personnelles : l'*Ouverture sur des thèmes cubains*, la *Fête nègre*, une suite pour voix et petit orchestre *Motivos de son*, et surtout le ballet *Remambaramba*.

Enfin, E. González Mantici et Serafín Pro, l'un et l'autre attachés à l'Orchestre symphonique national, comme chef stable et chef des chœurs, ont déjà produit des œuvres estimables (le concerto pour violon de González Mantici a été créé par Szymsia Bajour, première soliste de l'orchestre, au cours du festival de musique cubaine organisé à La Havane en 1961).

Il existe aujourd'hui à La Havane plusieurs ensembles nationaux en dehors du grand orchestre symphonique et d'un autre orchestre destiné à l'art lyrique : un orchestre de chambre que dirige Alberto Sánchez Ferrer; un ensemble instrumental conduit par Alberto Merenzón; un quintette à vents; un quatuor à cordes et un chœur mixte.

En 1961, le premier festival de musique cubaine, qui s'est déroulé à La Havane, a permis à un public international d'entendre tous ces ensembles, ainsi que des solistes comme Zenaida Manfugas ou Iris Burguet, et de comprendre que, depuis plusieurs générations, compositeurs et pédagogues avaient eu le souci de donner à leur pays une vie musicale digne de la curiosité du grand public et de sa culture. « A Cuba, la diversité des goûts est plus illusoire que réelle, affirmait Igor Markevitch. Partout on est curieux et on a soif de nouveautés... »

Musique afro-cubaine à La Havane.

L'art

A part une étonnante forteresse comme la citadelle La Ferrière en Haïti ou les ruines imposantes de ce château du « roi Christophe », qui ont encore grande allure; à part les vieilles maisons de l'époque coloniale dont on trouve de charmants exemples dans la petite ville de Trinidad, à Cuba, ou les élégants bâtiments de Willemstad, la capitale de Curaçao, il ne reste pas grand-chose en fait d'architecture ancienne dans les îles de la mer Caraïbe. Les cyclones, les tremblements de terre et aussi les termites sont venus à bout de la plupart des monuments des siècles passés.

Un peintre célèbre à la Jamaïque : Barrington Watson.

Une peinture naïve

Mais dans cet univers antillais du soleil, de la danse et des chansons, la création artistique ne pouvait pas ne pas renaître un jour et s'épanouir sous une forme qui ne devrait rien à l'Europe, ni même à l'Afrique. C'est tout naturellement en Haïti — d'où l'esclavage et le colonialisme avaient disparu dès le début du XIXe siècle, que naquit ainsi une peinture naïve, essentiellement originale. Les prêtres vaudou éprouvaient le besoin de représenter leurs dieux sur la terre brune des temples — dessins maladroits qu'on piétinait ensuite au cours des danses rituelles — ou de décorer les tambours sacrés de motifs aux couleurs vives. Près de cent cinquante ans plus tard, un artiste américain découvrit un beau jour, sur un mur de Port-au-Prince, une fresque particulièrement réussie, mais qui disparaissait entre une bouteille de Coca-Cola et une bouteille de Pepsi-Cola. Renseignements pris, l'auteur de ce discret chef-d'œuvre était également un prêtre vaudou; il s'appelait Hector Hyppolite, et c'est lui qui devint bientôt le plus célèbre des « primitifs haïtiens ».

La manière à la fois naïve et détaillée de traiter les sujets, les teintes chaudes, souvent éclatantes, le charme un peu enfantin que confère à ces tableaux une absence totale de perspective ne manquèrent pas de séduire les touristes — américains surtout — à leur descente des bateaux. Étonnés par la crudité des couleurs et l'originalité du style, ils achetèrent ces lumineuses natures mortes de légumes et de fruits, ces gros bouquets de fleurs aux tons subtils, ces portraits à la fois réalistes et souvent inquiétants. Le mouvement était lancé, l'émulation porta ses fruits, et la peinture antillaise connut un essor qui n'a pas cessé de se développer depuis vingt ans, d'île en île, de la Jamaïque à Porto Rico, à la Guadeloupe ou à la Martinique.

148

L'ART A CUBA

L'activité artistique à Cuba a connu depuis la révolution la même brillante promotion intérieure et la même protection officielle que la vie littéraire. Peintres, sculpteurs, graveurs ont un avantage certain sur les écrivains. Parce que le message contenu dans une toile ou un dessin se prête à moins d'interprétations que la poésie ou le roman, leur liberté d'expression est en fait plus grande. L'agressivité politique et sociale de certaines œuvres picturales ne vise, certes, que les ennemis du socialisme cubain, et il serait tout à fait inconcevable qu'elle se retourne d'une manière visible contre le régime. Mais ce dernier s'est bien gardé d'enfermer la révolution dans le carcan de règles esthétiques définies. Il n'a jamais été question, à Cuba, d'imposer le moindre « réalisme socialiste » aux arts plastiques. La propagande officielle préfère utiliser le « pop'art », à la grande satisfaction des jeunes artistes, et s'il plaît à l'un ou à l'autre de faire de l'art pour l'art, personne ne reprochera à ses productions leur absence de contenu idéologique.

Picabia :
« Vagliona, Cannas »
(1914).

Artistes d'aujourd'hui

Les Cubains vivent ainsi dans un environnement de bon goût qui n'est pas si courant dans d'autres pays, où aucun contrôle de qualité n'est exercé sur la production artistique. Ici l'on cherche réellement à mettre l'art moderne à la portée de la population la plus fruste. On explique, on multiplie les expositions itinérantes, et un nouveau public se forme qui aura perdu bientôt jusqu'au souvenir des anciens chromos qui inondaient jadis le marché cubain.
Seul peintre havanais ayant, entre les deux guerres, franchi le mur de la notoriété internationale, Francis Picabia vivait et peignait à Paris. Les artistes cubains d'aujourd'hui ont, à quelques exceptions près, voulu contribuer à l'œuvre révolutionnaire, ne fût-ce que par le témoignage de leur présence. Parmi eux, il faut citer en premier lieu René Portocarrero — grand prix de la Biennale de São Paulo —, dont l'œuvre ne reflète apparemment aucun « engagement politique », et Wilfredo Lam, à qui un musée entier est consacré à La Havane. A côté d'eux, d'autres noms se sont fait connaître : Amalia Peláez, Mariano Rodríguez, Raúl Millán. Et de nouvelles figures surgissent, comme Raúl Martínez, Antonia Eiriz.

Le culte des valeurs

Le climat artistique, nous l'avons dit, est totalement dégagé des tabous esthétiques qui sévissent dans la plupart des pays socialistes. « La culture soviétique ne nous intéresse pas, commente Carlos Franqui — l'historiographe de la révolution —, comment ne nous sentirions-nous pas culturellement beaucoup plus proches d'un pays comme la France?... On ne nous fera pas préférer Cholokhov à Malraux ou à Sartre. »
Pour bien sentir ce climat, sa présence à tous les niveaux de la société et la foi qui l'anime, il faut visiter la cité des Arts, aux portes de La Havane. Là, sous les coupoles d'une dizaine de pavillons reliés par des jardins et des galeries à arcades, des jeunes gens venus de tous les coins de l'île s'initient au théâtre, à la danse, à la musique, à la peinture, à la sculpture. Et rien n'est plus rassurant pour l'avenir des arts à Cuba que l'exemple de cette sage et émouvante application à propager la beauté et le culte des valeurs de l'esprit dans un pays encore si assiégé par les difficultés matérielles.

La sculpture, elle aussi, a donné naissance à de nombreux talents, et en Haïti les statues de Toussaint Louverture, de Dessalines, du roi Christophe ou du « Marron inconnu de Saint-Domingue » semblent défier le temps et les éléments si souvent déchaînés, tout comme cette imposante « Impératrice Joséphine » qui fut érigée en 1859 au centre de la place de la Savane, à Fort-de-France. La générosité de l'empereur Napoléon III avait alors permis au sculpteur Vital Dubray d'immortaliser dans du marbre de Carrare la plus célèbre des Martiniquaises.

Renouveau de la céramique

Mais il est un autre domaine, particulièrement intéressant aux Antilles, où la création artistique connaît aussi un renouveau, c'est la céramique, dont la technique avait été maîtrisée, il y a plus de deux mille ans, par les premiers habitants de l'archipel : les Arawaks. En juin 1968, un archéologue italien, Mario Mattioni, quittait la Martinique après y avoir effectué, pendant quatre ans, de nombreuses fouilles consacrées à l'époque précolombienne. Les innombrables tessons, une fois nettoyés, numérotés et patiemment assemblés par Mattioni, lui permirent de distinguer deux genres de poteries : les unes, assez grossières, réservées sans doute aux usages domestiques; les autres, beaucoup plus raffinées, consacrées, semble-t-il, à des pratiques religieuses. Les objets prouvaient une fois de plus ce qu'on savait déjà : il existait des relations fort

149

étroites entre les Indiens des Antilles et ceux de la Guyane ou du Brésil, puisque c'est le chef d'un village *galibis*, au Brésil, qui fut en mesure d'expliquer à l'archéologue italien l'utilisation des poteries qu'il avait mises au jour à la Martinique.

Ce qui frappe dans la céramique arawak, c'est l'harmonie de la forme, la richesse de l'ornementation. Les représentations d'animaux sont d'un réalisme parfait; les visages humains, au contraire, ont un aspect caricatural, mais ce sont probablement des masques de danse. Les Arawaks, peuple artiste, menèrent une vie calme, au soleil des îles, pendant un millénaire, avant d'en être chassés progressivement par un peuple barbare, les Caraïbes. Ces derniers, eux aussi, exploitèrent l'argile des Antilles, mais leur technique était plus grossière et, en fait de création artistique, ces guerriers anthropophages laissèrent surtout à la postérité de magnifiques haches en pierre polie.

Peintures naïves haïtiennes.
Ci-contre : fresque de G. Calixte
à l'hôtel Sans-Souci de Port-au-Prince.
En bas, à gauche : « L'Ange bleu »
d'Hector Hyppolite; à droite :
scène de village, peinture anonyme.

La littérature

Paysage haïtien.

A la fois monde clos et foyer de rayonnement, les îles du rhum, les îles de la banane, dans la chaleur des tropiques, n'ont pas toutes le même drapeau, et leurs habitants ne parlent pas tous la même langue officielle, qui peut être le français, l'espagnol, l'anglais ou le hollandais. Cependant, à la Martinique ou à la Guadeloupe, comme à la Barbade ou à Sainte-Lucie, on utilise spontanément, entre soi, le créole, un créole qu'un natif de l'île Maurice ou de la Réunion ne trouve pas du tout étranger, en dépit de quelques différences.

La formation du créole

Transposés, transplantés, originaires de pays éloignés les uns des autres ou de tribus et d'ethnies qui n'avaient rien en commun, Blancs et Noirs, par nécessité vitale, se sont forgé une langue commune. Ce moyen de communication pose bien des questions, qui n'ont pas encore reçu de réponses satisfaisantes. Le problème de la formation du créole n'est pas élucidé. Selon certains linguistes, il serait une « invention » des Portugais, qui auraient enseigné dans les comptoirs nègres de l'Afrique, ce qui expliquerait sa diffusion et son implantation dans des régions particulièrement éloignées. Auguste Viatte constate que les esclaves le parlaient au XVIIIe siècle, que son vocabulaire, dérivé du français, s'organise dans une syntaxe simplifiée, avec des tournures africaines comme le rejet de l'article après le nom.

Il semble bien que, condamnés à essayer de se comprendre, les Noirs

« emportés » aux Caraïbes aient reproduit avec leurs organes phonateurs, différents de ceux des Blancs (puisqu'ils sont totalement allergiques à la prononciation du r), ce qu'ils entendaient, les mots essentiels. Ils se sont fait comprendre en restituant des impressions auditives, parfois altérées, sans références à l'écriture qui fixe la langue et avec le génie de leur propre langue maternelle. Ainsi a pu naître une sorte de dialecte issu pour la majeure partie du français et qui est devenu peu à peu une langue commune.

La loi du nombre a joué. Les maîtres ont utilisé bientôt, eux aussi, leur propre langue simplifiée par les esclaves, et c'est en créole que le général Leclerc fit rédiger la proclamation du Premier consul Bonaparte (encadré).

Un remarquable moyen d'expression

Quelles sont les règles du créole? Précisons seulement que les consonnes finales se prononcent toujours, que les mots composés sont très nombreux, que, les hiatus étant insupportables, les consonnes euphoniques se multiplient, que beaucoup de mots commencent par un z qui est le résidu du pluriel. La liaison a été trop bien ou mal perçue — un animal devient *an zanimo* et les oiseaux sont toujours *zouezo*. Les mots polysyllabiques, un peu longs, sont parfois amputés de la syllabe initiale : *la bitation* pour l'*habitation*, et *gadé*, c'est ce qui reste de *regarder*. Le *zonzon* est le nom onomatopéique du moustique. *Zonzonné* veut dire « ennuyer », « importuner ». En ce domaine verbal, on a fait beaucoup d'emprunts aux Indiens caraïbes et aussi à des dialectes et patois français.

« Le créole, écrit le linguiste américain Robert Hall, ce n'est pas un dialecte du français, mais un dialecte indépendant qui est par rapport au français ce qu'est l'italien par rapport au latin... » En tout cas, c'est un élément essentiel de la vie quotidienne de l'insulaire

---

Au Nom du Gouvernement Français
Liberté Égalité

PROCLAMATION

A bord de l'*Océan*, Rade du Cap, le... Pluviôse an 10

République francé, yon et indivisible

Leclerc, Général en chef l'Armée Saint-Domingue, qui vivi gouverné toute la Colonie

A tout monde qui habité Saint-Domingue

Zabitans de Saint-Domingue

Lire Proclamation Primié Consul Bonaparte. Voyez pour Zote. Zote à voir que li vélé négues resté libre. Li pas vélé ôté liberté à yo que yo gagné en combattant, et que li va maintini de tout pouvoir à li. Li va maintini commerce et culture, parceque Zote doit conné que sans ça, colonie-ci pas câble prospéré. Ca li promé Zote li va rempli li, fidellement; c'est yon crime si Zote te douté de ça li promé Zote dans Proclamation à Li.

---

moyen. Il est aussi devenu, par son raffinement et son pittoresque, l'un des éléments essentiels du folklore antillais, et même, pour quelques hommes de lettres soucieux de la défense du patrimoine et des traditions, un remarquable moyen d'expression.

« Sa gentillesse, écrit Auguste Viatte, sa mélodie prêtent à la poésie tendre, mélancolique ou spirituelle, et il nous a légué quelques chansons proches de la perfection... Tous les Haïtiens fredonnent *la Choucoune* d'Oswald Durand ou *Haïti chérie* d'Othello Bayard. Le créole a produit aussi, comme tous les dialectes ruraux, sa moisson de proverbes et de contes... »

Contes et poésies en « papiamento »

Pépinières de poètes depuis deux cents ans, les îles le sont toujours. Les origines africaines d'un grand nombre réapparaissent dans ce besoin de dire, dans ce plaisir de l'expression : comment ne pas se laisser prendre aux enchantements du verbe, aux envoûtements du rythme?

En marge de la poésie est apparue au XXe siècle, et durant ces vingt dernières années surtout, une nouvelle littérature qui s'exprime par la voix d'écrivains engagés. Les problèmes de la race, de la condition sociale, de la revanche à prendre sur un passé condamné, les projets d'avenir, l'organisation des Noirs, les manifestations d'une prise de conscience noire ont donné naissance à quelques œuvres marquantes. Grâce aussi à des rencontres, à Paris notamment, s'est opéré un certain rapprochement entre l'Afrique et les Antilles.

Il faut faire exception, cependant, pour les écrivains des Antilles néerlandaises — Bonaire, Curaçao, Aruba —, où il existe une tradition orale — très vivace — de contes en *papiamento*. Le papiamento est un dialecte portugais mêlé de hollandais et de français, appelé *négro-portugais* ou *indo-portugais*. Et ces histoires, ces fables où les

Le poète haïtien Oswald Durand.

animaux sont aussi chargés de significations symboliques — l'araignée, par exemple, est totem et représentation solaire — ont été notées et rassemblées par Nilda Geerdink-Pinto.

Comme les autres, les îles Sous-le-Vent néerlandaises ne comptent plus leurs poètes qui écrivent en papiamento (Frank Martinus est l'un des plus importants), en hollandais ou en espagnol. On est très près du Venezuela, et de nombreux émigrés vénézuéliens s'y sont installés. Il y a aussi des romanciers aux Antilles néerlandaises : Maria Miranda s'est distinguée, il y a dix ans, avec *De Verwachting*, et Colas Debrot, gouverneur des îles, a connu la gloire aux Pays-Bas avec *Mijn Zuster de Negerin*.

152

Le Portoricain Eugenio María de Hostos.

Non loin de Curaçao ou d'Aruba, à la Trinité, un brillant écrivain originaire de l'Hindoustan, V. S. Naipaul, a publié en anglais des romans très vivants, très évocateurs aussi de la vie antillaise. Mais les écrivains de langue anglaise sont nombreux aux Antilles, et ce sont les îles et leurs problèmes qui servent de thèmes à Samuel Selvon ou à Errol John, originaires eux aussi de la Trinité ou de la Guyane anglaise, et à John Hearne, de la Jamaïque. Quant à George Lamming, de la Barbade, il a réussi à s'exprimer avec la voix de l'homme primitif dans un curieux ouvrage, *Season of Adventure*, qui a connu un grand succès aux États-Unis.

Littérature à Porto Rico et à Saint-Domingue

Considéré pendant trois siècles comme une simple étape sur la route des Indes occidentales, Porto Rico ne s'éveille que tardivement à la littérature : il faut attendre le XIXe siècle pour voir paraître les premières œuvres d'écrivains dignes de ce nom et qui s'appellent El Jíbaro et Manuel Alonso. L'île s'ouvre à l'influence du romantisme, qui est illustré par Alejandra Tapia y Rivera, auteur de drames historiques, et José Gautier Benítez, chantre fervent de sa patrie. Une grande figure domine de sa riche personnalité l'époque de l'Indépendance : celle d'Eugenio María de Hostos (1839-1903), qu'on a souvent comparé au Cubain José Martí. Auteur d'un roman poétique, *La peregrinación de Bayoán*, cet apôtre de la liberté, ce grand éducateur fut le mentor de toute une génération dans les Caraïbes. Mais bientôt l'influence du grand voisin du Nord ne cessera de s'accroître dans tous les domaines, et l'influence hispanique se maintient surtout grâce à la fondation de l'université, en 1903, à Río Piedras. La poésie devient plus cosmopolite; on voit s'affirmer les talents de Luis Llorens Torres, poète soucieux de rénovations formelles, et de Luis Pales Matos, excellent représentant de cette poésie afro-antillaise qui emprunte ses thèmes et ses rythmes au folklore des Noirs et des mulâtres. Dans le domaine du roman, Manuel Zeno Gandía est un maître incontesté du naturalisme dans des ouvrages tels que *le Marécage* ou *le Négoce*. L'inspiration se veut réaliste et sociale, et les écrivains se penchent de plus en plus sur le destin malheureux des travailleurs de la terre ou même des immigrants portoricains à New York.

C'est avec la proclamation de la république, en 1844, que la littérature dominicaine fit son apparition. Et ce sont naturellement des poètes qui illustrent l'émancipation définitive, vingt ans plus tard : José Joaquín Pérez, chantre de la race indigène, et Salomé Ureña de Henríquez, qui proclame sa foi dans sa patrie et dans le progrès. Mais la plus grande figure du XIXe siècle à Saint-Domingue est celle de Manuel de Jesús Galván, dont le roman historique *Enriquillo* évoque les premières années de la colonie. A l'heure actuelle, romanciers et auteurs de nouvelles, tel Juan Bosch, cherchent leur inspiration dans les réalités quotidiennes. En poésie, la veine romantique des premières années du siècle cède bientôt la place à des tendances nouvelles. Et l'une des plus grandes voix d'aujourd'hui se fait entendre, celle de Manuel del Cabral, ce vigoureux représentant de la poésie afro-antillaise célébré par Paul Éluard.

En Haïti, on parle français

« La Reine des Antilles » a longtemps prétendu être le bastion avancé de la culture française dans cette partie du monde. Avant l'indépendance, les pionniers de sa littérature se faisaient

Louis Joseph Janvier, qui a multiplié les ouvrages à la gloire de son pays : Haïti.

L'ancienne cathédrale de Port-au-Prince.

Moreau de Saint-Méry.

éditer en France, et une œuvre qui fit autorité dans l'Europe entière, les huit volumes de *Lois et Constitutions*, fut écrite par un colon d'origine poitevine, Moreau de Saint-Méry.

Dès 1804, les premiers écrivains haïtiens sont des polémistes. Fligneau fait jouer sa pièce *l'Haïtien expatrié*, Dupré crée un théâtre d'actualité, et déjà apparaissent les poètes romantiques, avec, pour chefs de file, les frères Nau et Coriolan Ardouin. Mais la littérature haïtienne compte aussi des auteurs dramatiques, et même des historiens importants tels que Madiou, Saint-Rémy ou Beaubrun Ardouin. Le « Parnasse » succède au romantisme; il est dominé par Oswald Durand, dont l'inspiration légère et galante se teinte de patrio-

Détail du monument à Toussaint Louverture (Port-au-Prince).

tisme chez Masillon Coicou, qui n'hésite pas à porter à la scène Toussaint Louverture et l'empereur Dessalines (1896). Deux ans plus tard, de jeunes poètes fondent une revue, *la Ronde*, et avec elle une nouvelle école qui se veut universelle. Nous sommes à l'aube du XXe siècle, au moment où apparaissent un groupe de romanciers humoristiques, dont Frédéric Marcelin, qui raconte les faits et gestes de *Thémistocle-Epaminondas Labasterre*, et surtout Justin Lhérisson, auteur de deux romans fameux, *la Famille des Pitite-Caille* et *Zoune chez sa Ninnaine*, mais célèbre aussi pour une œuvre connue de tous les Haïtiens, *la Dessalinienne*, l'hymne national du pays.

Le génie de la race

« Nous n'avons de chance d'être nous-mêmes que si nous ne répudions aucune part de l'héritage ancestral. Eh bien ! cet héritage, il est pour les huit dixièmes un don de l'Afrique. » C'est un ethnologue, le docteur Price-Mars, qui s'exprime en ces termes, et dans son livre *Ainsi parla l'oncle* (publié en 1928 et devenu le bréviaire de tous ceux qui s'intéressent au folklore d'Haïti) on retrouve, selon Auguste Viatte, « cet amalgame de traditions européennes et africaines d'où a surgi une culture neuve et originale ».

« Le génie de la race, écrira d'ailleurs bientôt Lorimer Denis dans une page caractéristique de tant d'œuvres haïtiennes, ce sont toutes nos survivances africaines..., ce qui est resté de ce fanatisme également surhumain du va-nu-pieds Jacinthe, bondissant à la gueule des canons pour saisir les boulets ; c'est cette pointe d'indéfinissable mélancolie à l'essence même de notre être : reste de cette obsédante nostalgie des esclaves vers la douce terre d'Afrique... Le génie de la race, c'est aussi notre hérédité française [...], notre aptitude pour l'exercice littéraire, notre goût de la parole, notre besoin invincible de l'idéal, notre enthousiasme si naïf !... »

Ce « goût de la parole », il existe, bien sûr, chez tous les poètes haïtiens. La poésie est la musique des mots ; elle a, en Haïti, de nombreux interprètes, comme Louis Neptune, Clément Benoit (*Rythmes nègres* et *Chansons sauvages*) ou Magloire Saint-Aude (*Dialogue de mes lampes*). Quant à Regnor Bernard, il crie son idéal socialiste dans *Nègre* et dans ce *Rouge* que personne n'a jamais aimé avec plus de fureur que lui.

Un nom domine le roman, celui de Jacques Roumain, qui a fondé en Haïti le parti communiste. Le lecteur est fixé ; dans une langue à la fois populaire et savante, Roumain dit la noblesse de « l'effort humain qui régénère le sol », il invite à « définir la misère et à planter la vie nouvelle ». Il faut également citer Jean-Baptiste Cinéas, qui parle de la terre, et deux frères, Pierre Marcelin et Philippe Thoby-Marcelin, à qui l'on doit *le Canapé vert* et *le Crayon de Dieu*. Les croyances, les superstitions, les pratiques du vaudou, tout cela défile dans ces livres à la langue colorée, directe et parfois familière.

Saint-John Perse

Quitter Haïti pour la Guadeloupe ou la Martinique, c'est d'abord retrouver la mer :

« En vain la terre proche nous trace sa frontière.

« J'ai rêvé, l'autre soir, d'îles plus vertes que le songe... Et les navigateurs descendent au rivage en quête d'une eau bleue ; ils voient — c'est le reflux — le lit refait des sables ruisselants : la mer arborescente y laisse, s'enlisant, ces pures empreintes capillaires, comme de grandes palmes suppliciées... »

C'est la voix de Saint-John Perse, créole de la Guadeloupe, où il passa les dix premières années d'une existence que sa carrière allait vouer à d'autres climats. Né d'une famille de magistrats, de planteurs et d'officiers de marine installée aux Antilles depuis la fin du XVIIe siècle, Alexis Saint-Léger Léger quitta très jeune « l'Habitation du Bois-Debout » et « l'Habitation de la Joséphine » pour se rendre à Pau, où il eut l'occasion de connaître le poète au grand éventail de barbe blanche, Francis Jammes. Entré aux Affaires étrangères en 1914, il mena simulta-

Saint-John Perse.

nément sa vie de poète et sa vie de diplomate jusqu'à son exil volontaire aux États-Unis au début de la Seconde Guerre mondiale.

Prix Nobel de littérature en 1960, Saint-John Perse, qui n'a jamais revu son île natale, a successivement publié *Éloges* (1911), *Anabase* (1926), *Exil* (1942), *Vents* (1946), *Amer* (1957) et *Chronique* (1960). Il occupe dans la poésie du XXe siècle une place très originale. Parfois difficile, quelquefois hermétique, son œuvre est avant tout « musique », où le rythme et la mélodie s'allient en strophes riches, fortes et colorées. Elles emportent dans un ample mouvement de masses orchestrales les scintillements précieux d'un mot rare ou la transparence enchantée des mots les plus simples, soudain régénérés : « La Mer mouvante et qui chemine au glissement de ses grands muscles errants... ».

Poèmes au grand souffle, où, comme dans les versets de Claudel, on retrouve la puissance d'un « récitatif soutenu ».

Le poète de la « négritude »

Avec Aimé Césaire, né en 1913 à la Martinique, nous abordons à des rivages bien différents : à ceux de la poésie et de la littérature engagées. Fils des Antilles, il est aussi poète africain et manie le français avec une incomparable virtuosité. Dans *Orphée noir*, Jean-Paul Sartre écrit à son sujet : « En Césaire, la grande tradition surréaliste s'achève, prend son sens et se détruit : le surréalisme, mouvement

Les îles et leurs palmiers, un paysage cher à Saint-John Perse.

Aimé Césaire.

poétique européen, est dérobé aux Européens par un Noir qui le tourne contre eux et lui assigne une fonction rigoureusement définie... »

Césaire est le poète de la « négritude ». C'est lui qui a forgé le mot repris, par son condisciple et ami Léopold Sédar Senghor, poète lui aussi et président de la république du Sénégal. Ses poèmes-cris, au début surtout, ont eu d'insupportables outrances; ils ont été de véritables brûlots chargés de rancœur, mais l'influence de leur auteur a tout de suite été profonde sur les jeunes révolutionnaires noirs.

« Partant de la conscience d'être noir, ce qui implique la prise en charge de son destin, de son histoire et de sa culture, la négritude est la simple reconnaissance de ce fait, et ne comporte ni racisme, ni reniement de l'Europe, ni exclusivité, mais au contraire une fraternité avec tous les hommes. Il existe cependant une solidarité plus grande entre les hommes de race noire; ce n'est pas en fonction de leur peau, mais bien d'une communauté de culture, d'histoire et de tempérament. Ainsi définie, la négritude est, pour l'homme noir, une condition *sine qua non* d'authenticité de la création dans quelque domaine que ce soit. »

A côté de recueils comme *les Ames miraculeuses, Ferrements, Corps perdu* ou la longue cantate à plusieurs voix *Et les chiens se taisaient*, Aimé Césaire a aussi écrit pour le théâtre : *le Roi Christophe, Une saison au Congo* et *Une tempête*, d'après Shakespeare, qui exige à la fois une connaissance approfondie de son modèle et de l'histoire de la colonisation pour en saisir toutes les finesses.

La clarté des intentions

Il serait injuste de passer sous silence des précurseurs comme Luc Grimard, Émile Roumer, Marbot — qui, dans *les Bambous*, a voulu imiter La Fontaine — ou Daniel Thaly, le poète de « l'île majestueuse, Antille inviolée, Dominique aux monts bleus... ». Gilbert Gratiani (qui a écrit aussi en créole) et Guy Tirolien à la Guadeloupe, Lero et Menil à la Martinique sont également des poètes et écrivains représentatifs de la littérature antillaise en langue française.

Mais c'est un disciple de Césaire, un de ses anciens élèves au lycée de Fort-de-France, qui se distinguera à Paris, en 1958, en remportant le prix Renaudot avec son roman *la Lézarde*. Né à Sainte-Marie en 1928, Édouard Glissant a passé son enfance au Lamentin avant de devenir professeur sur le Vieux Continent. « Je n'ai pas de devise, répondait-il un jour, mais j'ai une règle : la clarté des intentions. » Cette règle campe bien le personnage athlétique et sportif, qui a publié de nombreux poèmes avant que *la Lézarde* ne le révèle au grand public. Roman lyrique, œuvre d'un homme engagé, *la Lézarde,* c'est la rivière « qui dans son île tropicale unit la montagne secrète à la mer de feu ». Et sur ses rives, de jeunes révolutionnaires préparent l'assassinat de celui qu'on a chargé de réprimer les soulèvements populaires.

En fait, à de rares exceptions près, toute la littérature antillaise de ces vingt dernières années est « orientée », profondément inspirée aussi par les révolutionnaires noirs d'Amérique du Nord, comme Langston Hughes ou Claude Mac Kay.

Edouard Glissant.

LA LITTÉRATURE A CUBA

Au début était José Martí... Ce n'est, historiquement bien sûr, pas tout à fait exact, et des XVIIIe et XIXe siècles coloniaux surgissent quelques noms de gazettiers, d'auteurs de comédies, de romanciers, comme Cirilo Villaverde (*Cecilia Valdés*), de poètes « modernistes », comme Julián del Casal, qui ne méritent sans doute pas un total oubli.

Chantre de l'indépendance

La littérature cubaine, cependant, semble s'être éveillée plus tard que dans d'autres pays latino-américains. L'île est restée fief de l'Espagne jusqu'en 1898, et ces circonstances n'ont pas favorisé aussi rapidement qu'ailleurs l'éclosion d'une expression littéraire réellement originale. L'inspiration venait de Madrid, et plus encore de Paris, où les élites créoles s'intégraient avec une aisance souvent remarquable à tous les courants intellectuels de l'époque. Cas exemplaire : celui de José Maria de Heredia, né près de Santiago de Cuba, mort académicien et directeur de la bibliothèque de l'Arsenal après avoir ciselé dans le goût perfectionniste de l'école parnassienne les sonnets éminemment français qui firent sa gloire.

Mais au temps même où Heredia se fait une célébrité sur les berges de la Seine, une littérature militante naît à La Havane qui se met tout entière au service de la libération du pays. José Martí, fils d'un sergent-major espagnol, sera le chantre de son indépendance. Un chantre botté, qui dirige avec Máximo Gómez et Antonio Maceo les premières grandes opérations de guérilla contre les troupes de Madrid. Il meurt à Dos Ríos, les armes à la main, le 19 mai 1895. Il n'est pas seulement alors le chef suprême de la révolution; il est vraiment, dans toute l'acception du terme, le « Père de la patrie ». Il laisse aussi une œuvre considérable — pas moins de 25 tomes — de pamphlets, d'études politiques et philosophiques, de discours et de poèmes, écrits dans un style à la fois lyrique, synthétique et véhément, reflet d'un tempérament tout entier dominé par la noblesse et la générosité.

La révolution castriste en a fait à juste titre son héros privilégié. Les citations embrasées de Martí répondent aujourd'hui, sur tous les murs de La Havane, à celles de Fidel et de Che Guevara. Il est pour la fierté nationale une source constante de référence, et il n'est pas inutile de souligner que la littérature cubaine d'aujourd'hui restera profondément marquée par la double vocation de son précurseur, premier écrivain réellement « cubain », premier « guérillero » aussi de l'histoire du pays. Ainsi naît une tradition. Poètes et romanciers contemporains ne renieront pas l'engagement de Martí.

« Guillén... c'est le passé »

Nicolás Guillén, dont l'œuvre est depuis longtemps connue à l'étranger, a consacré l'essentiel de ses thèmes poétiques, entre 1930 (*Motifs de rythme*) et 1947 (*Plein Rythme*), au lyrisme sensuel et sourdement révolté de ce peuple mulâtre dont il est lui-même issu. Ses vers adoptent la cadence obsédante des tambours afro-américains. Ils dénoncent la résignation, violentent la peur dans un castillan somptueusement moulé dans l'airain de la négritude. Son influence a été si grande, à vrai dire, auprès des jeunes écrivains de la génération des années 40 et 50 que la nouvelle vague issue de la révolution fait, par réaction, souvent montre de s'en dégager, fût-ce au prix d'une certaine ingratitude. « Guillén c'est bien, c'est même très bien..., reconnaît-elle volontiers, mais c'est le passé. Nous cherchons aujourd'hui de nouvelles formes d'expression. »

Ces formes nouvelles obéissent, semble-t-il, à un plus grand souci de réalisme commandé par la nouvelle réalité révolutionnaire.

Écrivain de la génération de Nicolás Guillén, Alejo Carpentier, lui aussi mondialement connu grâce surtout à deux remarquables romans, *le Royaume de ce monde* et *le Partage des eaux*, estime que la littérature cubaine est passée de l'hermétisme à l'ouverture, de la nostalgie à l'espoir, de l'étonnement à la certitude. Employant le ton direct de la conversation, la poésie, ajoute-t-il, a assumé l'histoire, les joies et les drames du moment, la trame et l'écume des jours, refusant le raffinement et les « prétendus pouvoirs incantatoires du poème ».

José Martí.

Rue d'un village en 1960.

Nouvelles tendances

La littérature cubaine d'aujourd'hui se veut donc plus « optimistement engagée que celle des années noires ». Plus éducative aussi, donc plus accessible. Elle demeure néanmoins élégante, et ce retour à l'esprit de José Martí ne la condamne pas pour autant à servir les intérêts d'une propagande.

La poésie de Roberto Fernández Retamar (*Retour à l'ancien espoir*, *Avec les mêmes mains*) illustre bien ces nouvelles tendances. On y trouve une grande simplicité d'expression, une rigueur et un dépouillement volontaire de toute rhétorique qui le font, selon sa propre expression, « passer des mots aux choses, des exercices poétiques à la poésie du risque et de la vérité ».

Réalisme délibéré aussi chez Fayad Jamís (*Por esta libertad*), César López (*Silence en voix défunte*), Pablo Armando Fernández et beaucoup d'autres encore. Parmi les romanciers de cette nouvelle génération dont les thèmes s'inspirent aussi de la révolution, citons : Lisandro Otero (*la Situation*), Soler Puig (*l'Écroulement*), Humberto Arenal (*Soleil à pic*), Dora Alonso (*Terre sans défense*), Edmundo Desnos (*Pas de problème*), Abelardo Piñeiro (*le Repos*). Chez tous ces écrivains, le souci de servir l'idéal incarné par le régime ne masque encore aucune complaisance choquante. L'inspiration est incontestablement sincère. Il appartient néanmoins aux autorités de faire en sorte qu'elle le demeure. Ce n'est pas toujours facile dans la pratique. Les échappées inévitables de certains auteurs vers une vision un peu plus sceptique, un peu plus individualiste de l'existence sont parfois dénoncées. *Hors-Jeu*, recueil de poèmes d'Heberto Padilla, fut ainsi vigoureusement pris à parti, en octobre 1968, par l'Union nationale des écrivains et artistes de Cuba — U. N. E. A. C. —, qui ne laissa paraître l'œuvre — couronnée par un jury international choisi par elle — qu'après l'avoir coiffée d'une préface laissant clairement entendre qu'il s'agissait d'une œuvre « objectivement » contre-révolutionnaire.

Cet *Hors-Jeu* était-il vraiment tout un programme? On peut en douter, même si le poète y laissait percer une certaine amertume :

> Le poète à la porte!...
> Celui-là n'a rien à faire ici
> Il ne joue pas le jeu
> Il ne s'enthousiasme pas
> Il n'exprime pas en clair son message
> Il ne remarque même pas les miracles!...

L'affaire en resta là. Cuba n'est pas l'Union soviétique. A Cabrera Infante, écrivain cubain qui, lui, a choisi l'exil à Buenos Aires, le même Heberto Padilla, attaqué dans son pays, répliquait récemment : « Aucune révolution n'est un lit de roses. La nôtre non plus ne l'est pas. Mais c'est ici qu'est le peuple. Ici donc est ma place. Pour un écrivain révolutionnaire il ne peut y avoir d'autre alternative : la Révolution ou rien. »

La lutte contre l'analphabétisme.

« La Révolution ou rien. »

Nicolás Guillén.

157

INDEX
des principaux noms

● Les chiffres en *italique* renvoient à une illustration.
● Les chiffres en caractères **gras** indiquent un paragraphe principal.

A

Abercromby (sir Ralph), 39, 85.
Accompong, 92.
Aïda-Ouédo (déesse), 102.
Ailly (cardinal d'), 22.
Alonso (Dora), 157.
Alonso (Manuel), 153.
Anacaona, 143.
Angeles (don José), 85.
Anguilla (île d'), 34, 38, 44 **96**, 99, **100**, 102.
Antigua (île d'), **16**, 23, 34, **93**, 124, 125, **131**, **135**.
Antilles (mer des), 6.
Antilles (Grandes), 6, 20, 23.
Antilles (Petites), 6, 20, 23, 24, 33, 34, 36, 39, 81, 96, 124.
Antilles anglaises, 43, 99.
Antilles françaises, 41, 96, 99, 103, 109, **114**.
Antilles néerlandaises, 44, 86.
Antonelli (Juan Bautista), 58.
Apodaca (contre-amiral), 85.
Arana (Diego de), 24.
Arawaks (les), 20, 31, 33, 149.
Ardevol (José), 147.
Ardouin (Beaubrun), 153.
Ardouin (Coriolan), 153.
Arenal (Humberto), 157.
Arlet (anse d'), **9**.
Arrate (José Martin de), 57.
Arreson (José Maria Rodriguez), 145.
Artibonite (monts de l'), 129.
Aruba, 6, 7, 39, 44, 87, 152, 153.
Aubigné (Constant d'), 38.
Aubin (les frères), **94**.

B

Baez (président), 30.
Bahamas (les), 6, 7, 22, 24, 25, 40, 53, 93, 100, 126, **127**, **133**, 138, 139.
Bahia Honda, 27.
Bajour (Szymsia), 147.
Balaguer (Joaquim), 30, 45, 31, 41.
Barba (Pedro de), 57.
Barbade (la) [Barbados], 6, 7, 34, 42, 43, 90, **97**, 138, 145, 151, 153; Bridgetown, **137**; Palm Beach, **139**.
Barbe-Noire, 54.
Barreras (général), 31.
Basse-Pointe : habitation Pecoul, **77**.
Basse-Terre, **12**, 37, 38, 74, **74**; fort Saint-Charles, 74, **103**, **111**.
Basseterre [Saint Kitts], 125.
Batista (Fulgencio), 28, 47, 106.
Bayard (Othello), 152.
Beauharnais (Hortense de), 76.

Beauharnais (Joséphine de), 76, 77, 129.
Beauvoir (Roger de), 143.
Bedford, 34.
Behaim (Martin), 22.
Belafonte (Harry), 114.
Belle-Isle, 34.
Benoît (Clément), 154.
Bequia, **43**, 124.
Bernard (Regnor), 154.
Bernhardt (Sarah), 142.
Betitez (José Gautier), 153.
Blanck, 146.
Blancs-Matignon, 95, 96.
Bleues (Montagnes), 6.
Bligh (William), 34.
Blond (Georges), 61.
Bobadilla (Francisco de), 24, **24**.
Boca Ciega, 140.
Bolivar, 30.
Bonaire, 6, 7, 39, 44, 87, 152.
Bonaparte (Napoléon), 29, 76, 129; proclamation, 152.
Bonaparte (Pauline), 29, 65, 129, 134.
Bosch (Juan), 30, 31, 153.
Bouillé (marquis de), 142.
Boulogne (Jean-Nicolas de), 73.
Boyer, 30.
Bridgetown, 7, 43, **97**, **137**, 145.
Buc de Rivery (Aimée du), 77, 80.
Buck Island, **130**, **132**.
Burguet (Iris), 147.

C

Caamano (colonel), 30.
Cabral (Manuel de), **15**, 153.
Cabral (Reid), 30.
Cabras (île de), 71.
Cadix, 32.
Caïques (îles) [Caicos], 25, 137, 138.
Cámara (Juan Antonio), 147.
Capesterre, 38, **42**.
Cap-Haïtien, 128, 129.
Caraïbes (les) [peupl.], 20, 24, 33, 34, 90, 97, 149.
Caraïbes (îles), 82.
Caraïbes (mer des), 23.
Carbet (Le), **7**, **77**.
Cariacou, 124.
Carpentier (Alejo), 156.
Casal (Julián del), 156.
Casals (Pablo), 144.
Casas (Bartolomé de Las), 26, 57.
Castillo (Gabriel del), 144.
Castries, 7, **43**.
Castro (Fidel), **27**, 28, 47, 48, **49**, 50, 51, 104, 106, 156.
Castro (Raúl), 47.
Caturla (Alejandro Garcia), 147.
Cayman (îles) 6.
Cervantes (Ignacio), 146.
Cervera (amiral), 27.

Césaire (Aimé), **9**, **10**, **14**, **19**, 41, 45, 64, 112, 129, 154, 155, **155**.
Chacon (don José), 85.
Chaguaramas (rade de), 85.
Charles-Town [Nassau], 53, **53**, 54.
Charlotte Amalie, 7, 33.
Choiseul, 34.
Christophe (le roi), 29, **64**, 65, 99, 128, 129, 134, 149.
Cibao, 26.
Cienfuegos, 141.
Cineás (Jean-Baptiste), 154.
Ciudad Trujillo, 30, 68.
Claudio (Pablo), 144.
Clerc (François le), 58.
Cochon (île du), 53.
Cochons (baie des), 28, 48.
Coicou (Massillon), 154.
Colomb (Christophe), 20, **21**, 23, **24**, 25, 28, 31, 32, 33, 36, 38, 39, 53, **68**, 81, 84, 143.
Colomb (Diego), 26, 32, 69.
Colomb (Luiz), 69.
Coronel (Pedro Suarez), 70.
Cortez (Fernand), 26, 56; Catalina, 57.
Cuba, 6, 7, **18**, 22, 23, 25 à 27, 32, 40, 45, 47, 50, **51**, 56, 97, 104, 106, **115**, 140, 141, 144, 146, **146**, 150, 156; Trinidad. **17**.
Cudjoe, 92, 93.
Cumberland (baie de), **122**.
Curaçao, 6, 7, **12**, 39, 44, **44**, 71, 86, 87, 89, 100, 125, 136, 138, 148, 152, 153.

D

Danglemont (habitation), 74.
Darien (golfe de), 23.
Debray (Régis), 48.
Debrot (Colas), 152.
Découverte (baie de la), 32.
Delgrès (Louis), 74.
Denis (Henri), 49.
Denis (Lorimer), **12**, 154.
Descourtilz (Michel-Étienne), 65.
Désirade (la), 6, 7, 23, 34, 38.
Desnos (Edmundo), 157.
Dessalines (général), 29, 63, 65, 108, 149; [empereur], 154.
Diamant (le), 42.
Dominicaine (république), 24, 28, 31, 34, 45, 100, 103, 112.
Dominique (île de la), 6, 7, 20, 23, 24, 32, 34, 81 à **83**, 89, 90.
Drake (sir Francis), 59, 70, 71.
Dry Harbour, 32.
Dubray (Vital), 149.
Dugommier, 73.
Dumarais (Estimé), 29.
Dumont (René), 50.
Duplessis, 34, 36, 73.

Dupré, 153.
Durand (Oswald), 152, **152**,, 153.
Durand d'Ubraye, 76.
Duvalier (François), 29, 30, 46.
Duvalier (Jean-Claude), 46, **46**.

E

Edelman, 146.
Eiriz (Antonia), 149.
Eleuthera (île), 25.
Élisabeth Iʳᵉ d'Angleterre (la reine), 70.
Élisabeth II d'Angleterre (la reine), 53.
Escalante (Annibal), 48, 104.
Esnambuc (Pierre d'), 34, 36.

F

Ferdinand le Catholique, 23.
Fermor (major Leigh), 81, 82.
Fernández (Pablo Armando), 157.
Ferrer (Alberto Sánchez), 147.
Ferrière (citadelle La) [Haïti], 65, **66**, 129, 148.
Figueroa (les frères), 145.
Fleites (Virginia), 147.
Fligneau, 153.
Floride, 26, 106,
Fort Brimstone [Saint Kitts], 125.
Fort Charles [Jamaïque], 125.
Fort-Fleur-d'Épée, 72.
Fort-de-France, 7, 41, **76**, **76**, 77, **77**, 93, 96, 102, 116, **129**, 133, 142; place de la Savane, 149; rivière Levassor, **76**.
Fort George, 124.
Fort-Royal [Fort-de-France], 76.
François Iᵉʳ Fernandoir [roi Caraïbe], 90.
Franqui (Carlos), 150.
Freccia (Massimo), 147.
Fuentes (Eduardo Sanchez de), 147.

G

Galván (Manuel de Jesús), 153.
Gandia (Manuel Zeno), 153.
Garaud (Louis), 142.
Garcia (José Ovidio), 144.
Garcia (Juan Francisco), 144.
Garvey (Marcus), 43.
Gaston-Martin, 36.
Geerdink-Pinto (Nilda), 152.
Gershwin, 146.
Glissant (Édouard), **16**, 155, **155**.
Godoy (Garcia), 31.
Gomez (Máximo), 27.
Gomez (Miguel), 27.

González (Hilario), 147.
Gramatges (Harold), 147.
Grand-Bourg, 41.
Grande Cayman (île), 89.
Grande Terre, 6, 72, 73, **139**.
Grands-Fonds [de Guadeloupe], 95.
Gratiani (Gilbert), 155.
Grau San Martin, 27.
Greene (Graham), 99, 121.
Grenade, 6, 34, 138.
Grenadines (les), 6, 81, 124.
Grimard (Luc), 155.
Guadeloupe (la), 6, 7, **15**, **20**, 23, 24, 33 à 36, 37 à 39, 41, **42**, 72, 84, 89, 96, 100, 109 à 112, 116, **126**, **129**, 134, 136, 142, 145, 149, 151, 154, 155; Basse-Terre, **12**.
Guanabo, 140.
Guantanamo, 27.
Guatemala, 48.
Guevara (Ernesto « Che »), 27, 47 à 49, 104, 156.
Guillén Batista (Nicolás), **19**, 156, 157.
Gustavia, 33, **122**, 137.
Gutelman (Michel), 50.
Guzmán (Tello de), 70, 144.

H

Haïti, 6, 7, **12**, **19**, 22 à 26, 28, 30, 32, 40, 45, 46, 63, **95**, 99 à 101, 103, 106 à 108, 110, **112**, 116, **116**, 125, 128, **142** à 144, 149, 153, **153**; l'Artibonite, 100; cascade de Saut-d'Eau, **108**; citadelle La Ferrière, 65, **66**, 129, 148; palais de Sans-Souci, **64**; Pétionville, **110**; Port-au-Prince. V. ce nom.
Harvey (amiral), 85.
Havane (La), 7, 26 à **28**, 47 à 49, **51**, **56**, 59, 104 à **106**, 146, 150, 156; Alameda de Paula, 59; Castillo del Morro, 58, 59; fort de la Punta, 59; château de la Fuerza [Real Fuerza], **56**, 57, 58, 59; fort de San Lazaro, 59; hôtel Nacional, 140; Rancho Boyero, 104; rue des Mercaderes, 59; le Tropicana, 140; Vedado (quartier du), 104, 105; [la Rampa], 104.
Hawkins (sir John), 70, 71.
Hearne (John), 153.
Henriquez (Salomé Ureña de), 153.
Heredia (José Maria de), poète et patriote cubain, 26.
Heredia (José Maria de), poète français, né à Cuba, 156.
Hernández (Gisela), 147.

Heureux (Ulysse), 30.
Hispaniola [Haïti], 6, 7, 22, 24, 26, 28, 57, 65, 66, 107.
Honduras (le), 23.
Hopkins (commodore), 54.
Hostos (Eugenio Maria de), 153, **153**.
Houel (sieur), 35.
Hugues (Victor), 72.
Hyppolite (Hector), 148, **150**.

I

Isabela (Bahamas), 22.
Isasi (Cristobal Arnaldo de), 60.

J

Jacmel [Haïti], **100**.
Jacques Ier [Dessalines], 65.
Jamaïque (la), 6, 7, **19**, 23, 31, 32, 40, **42** à 44, 60, 96 à 98, 103, **121, 124, 133**, 145, 149; Cockpit Country, 92; Dunn's River, **125**; Fort Charles, 125; Montego Bay, 138.
Jamis (Fayad), 157.
Janvier (Louis Joseph), **153**.
Jeanty (Occide), 144.
Jennings (Henry), 53.
Jesús Ravelo (José de), 144.
Jibacoa, 140.
Jibaro (El), **153**.
John (Errol), 153.
Jolicœur (Aubelin), 99.
Joséphine (l'impératrice), **37**; [statue], 134, 149. V. aussi Beauharnais et Tascher de La Pagerie.

K

Kikkert (vice-amiral), 86.
Kingston [Jamaïque], 7, 32, 44, **60**, 97, 145.
Kleiber (Erich), 147.

L

Labat (le P.), 35 à 38, 74, 81, 82, 109, 144.
Lacuona (Ernesto), 147.
Lam Wilfredo), 149.
Lamentin, 155
Lamming (George), 153.
Lamothe (Ludovic), 144.
Leclerc (général), 29, 65, 129, 152.

Leeward Islands, 7.
Léon (Argeliers), 147.
Lero, 155.
Lescot, 29.
Le Vasseur, 66.
Lhérisson (Justin), 154.
Linstead, **61**.
L'Olive, 34, 36, 73.
Longvilliers de Poincy, **33**.
López (César), 157.
López (Narciso), 26.

M

Maceo (Antonio), 27.
Machado, 27.
McKinley, 27.
Madiou, 153.
Magloire, 29.
Mahmoud II, 77, 80.
Manfugas (Zenaida), 147.
Mantici (E. González), 147.
Maracaïbo (lac de), 6.
Maracas Beach, 142
Marbot, 155.
Marcelin (Frédéric), 154.
Marcelin (les frères), 154; Philippe Thoby —, **11**, 154; Pierre —, **11**, 154.
Margarita, 23.
Marie-Galante (île), 6, 23, 24, 34, 38, 41.
Marigot [Saint-Martin], 38, 136.
Markevitch (Igor), 147.
Maroontown [Jamaïque], 93.
Marrons (les), 93.
Marrons (République des), 92.
Marsan (Félix), 80.
Marti (José), **17**, 18, 27, 153, 156, **156,** 157.
Martin (Edgardo), 147.
Martinez (Orlando), 147.
Martinez (Raúl), 149.
Martinique (la), 6, 7, **14,** 23, 24, 33, 34, 36, 37, **37**, 40 à **42,** 45, 76, 77, 84, **90,** 96, 98, **101** à 103, 109, 110, 112, 116, 121, 132 à **134,** 138, 142, 149, **149,** 151, 155; anse d'Arlet, 9; Fort-de-France, voir ce nom; fort de Saint-Pierre, **36**; rivière Madame, 100.
Martinus (Frank), 152.
Matos (Luis Pales), 153.
Mattioni (Mario), 149.
Menendez (Pedro), 58, 59.
Menil, 155.
Merenzón (Alberto), 147.
Mexique, 26; golfe du —, 23.
Miami, 106.
Millán (Raúl), 150.
Miramar [la Havane], 141.
Miranda (Maria), 152.
Montego Bay [Jamaïque], 138;
Montserrat 6, 23, 34, **84**.

Moreau de Saint-Méry, 153.
Morgan (Henry), 61, 62, 125.
Moule (Le), 95.

N

Naipaul (V.S.), 153.
Narváez (Panfilo), 57.
Nassau, 7, **53, 54, 55,** 138; fort Charlotte, 54; fort Montagu, 54; Rawson Square, 138.
Nau (les frères), 153.
Navidad (fort de la), 24.
Nelson (amiral), 34, 124, 125.
Neptune (Louis), 154.
Nevis, 34.
Nicaragua (le), 23.
Nicholson (commodore), 124.
Niedergang (Marcel), 40.
Niña (la), 22.

O

Œxmelin (Mémoires d'), 125, 128.
Olonnais (L'), **33**.
Orangestad, 7.
Orbón (Julián), 147.
Orénoque (l'), 23, 84.
Oriente (province de l'), 141.
Orozco (Maria de), 69.
Ortelius (Abraham), 25.
Ortiz (Fernando), 146.
Otero (Lisandro), 157.

P

Padilla (Heberto), 157.
Pagerie (la), 76, 132.
Palm Beach [la Barbade], **139**.
Palmiste [île de la Tortue], 128.
Palos, 22.
Panama (isthme de), 23.
Paradis (île du), 76.
Peláez (Amalia), 149.
Pelé (mont) [ou montagne Pelée), 80, 116, 117, 131, 132.
Pérez (José Joaquin), 153.
Pétion, 29, 65.
Pétionville [Haïti], **112, 136**.
Philipsburg [Saint-Martin], 38, 136.
Picabia (Francis), 149, **149.**
Picton (Thomas), 39.
Pierre-Gosset (Renée), 63.
Pinar del Rio, 141.
Piñeiro (Abelardo), 157.
Pins (île des), 49, 141.
Pinta (la), 22.
Placido, 26.
Playa-Giron, 48.
Poincy (Philippe de), 66, 125.
Pointe-Allègre, 73.

Pointe-à-Pitre, 7, **35**, 38, 41, 72 à 74, 100.
Pointe-Royale, 77.
Ponce de Léon, 24, 32.
Port Antonio [Jamaïque], **62**.
Port-au-Prince [Haïti], 7, **11, 45, 45,** 63 à **65, 68,** 89, 91, 99, 101, 128, 134, 138, 148, **153;** monument Toussaint Louverture, 154.
Port of Spain, [la Trinité], 7, 85, **85,** 96, 113, 114, **118,** 145.
Portocarrero (René), 149.
Porto Rico, 6, 23, 32, 38, 39, 45, 71, 89, 97, **120,** 125, 137, 138, 144, 149, 153; Dorado Beach, **127;** San Germán, 145; San Juan, 45, 70, **70.**
Port Royal [Jamaïque], 32, 60, 61, 62.
Portsmouth [Dominique], 82.
Poule (la), 38.
Pouquet (Jean), 36, 40.
Poussins (les), 38.
Price-Mars (docteur), 154.
Pro (Serafin), 147.
Prokofiev, 146.
Puerto de la Paz (le), 22.
Puerto Rico, 32.
Puig (Soler), 157.

Q

Queen Emma (le pont flottant de Willemstad), 86.
Quevedo (Maria et Antonio), 147.
Quevedo (Raymond), 114.

R

Raleigh (Walter), 39, 84.
Ras Tafaris (les) [Jamaïque], 97, **101.**
Reid Cabral, 30.
République Dominicaine. Voir Dominicaine (république) et Saint-Domingue.
Retamar (Roberto Fernández), 157.
Richepanse (général), 74, 111.
Rigaud, 29.
Rio Grande [Jamaïque], **133**.
Rio Hacha, 71.
Rio Nuevo, 60.
Rio Piedras [Porto Rico], 153.
Robert (Le), 77.
Rodney (amiral), 34, 38.
Rodriguez (Ester), 147.
Rodriguez (Mariano), 149.
Rogers (Woodes), 54.
Rois Catholiques (les), 22 à 24, 53.
Rojas (Juan de), 57.
Roldán (Amadeo), 147.
Roseau, 81, 82, **83**.

Roumain (Jacques), 154.
Roume de Saint-Laurent, 39, 84, 85.
Roumer (Émile), 155.
Ryou (le P.), 128.
Ryswick (traité de), 28.

S

Saba (île), 6, 39, 44, 94, **99**, 136.
Saint-Aude (Magloire), 154.
Saint-Barthélemy (île), 6, 7, 33, 38, 89, **92**, 95, **122**, 137.
Saint-Christophe (île de), 33, **33,** 34, 36, 65, 66; [Saint Kitts], 125.
Saint-Domingue, 24, 26, 28 à 30, 36, 37, 45, 56, 64, 97, 125, 143 à 145, 153.
Saint-Eustache, 34, 39, 44, 84.
Saint-Georges (chevalier de), 37, 73, 74, 143.
Saint John, 7, 33.
Saint-John Perse, **12, 14,** 154, **154, 155.**
Saint-Johns [Antigua], 92.
Saint Kitts, 44; [Saint-Christophe], 125.
Saint-Laurent (Roume de), 39, 84, 85.
Saint-Léger Léger (Alexis). V. Saint-John Perse.
Saint-Louis (port de) [île de la Tortue], 127.
Saint-Martin (île), 6, 33, 34, 38, 39, 44, **91, 136**; Le Marigot, 38, 136; Philipsburg, 136.
Saint-Pierre [Martinique], **42,** 76, 80, **80,** 132, 133.
Saint-Rémy, 153.
Saint Thomas (île), 33, 125.
Saint Vincent, 6, **10,** 20, 34, 81, 82, 89, **122,** 124.
Sainte-Anne, **74, 138**.
Sainte-Croix, 32 à 34.
Sainte-Lucie, 6, **14,** 20, 34, 36, 81, **94, 122,** 124, 151.
Saintes (les), 7, 23, 34, 38, 134, 136.
Salas (Esteban), 146.
Salée (rivière), 72.
San Antonio (cap), 6.
San Cristobal de la Habana [La Havane], 57.
San Germán [Porto Rico], 145.
San Ildefonso (traité de), 85.
San Juan (Porto Rico), 7, **45,** 70, **70;** forteresse du Morro, 70, 71, **71, 120**.
Sanjuán (Pedro), 147.
San Salvador (île), 22, 25.
San Salvador del Bayamo, 57.
Sans-Souci (château de) [Haïti], **64,** 129.
Santa Ana, 39.
Santa Maria (la), 22, 24.
Santa Maria de la Concepción [Bahamas] 22.

Santa Maria del Mar, 140.
Santa Maria del Principe, 57.
Santa Maria la Redonda, 23.
Santana, 30.
Santiago de Cuba, 26, 27, 47, 49, **56** à **59**, 141, 156; plage de Siboney, **140**.
Santiago de la Vega [Spanish Town], 32.
Santo Domingo, 7, **31**, 68, 69, 89, 146; alcazar de Colomb, 68; basilique Sainte-Marie-Mineure, **68**, **69**; cathédrale de —, 144.
Santo Domingo de Guzman, 30.
Saumâtre (étang), 7.
Scarborough [Tobago], **128**.
Schœlcher (Victor), 37.
Sélim III, 78.
Sélim III, 78.
Selle (massif de la), 7.
Selvon (Samuel), 153.
Senghor Léopold Sédar, 45, 155.
Shell (raffinerie de la), 86.
Sierra de Los Organos, 141.
Sierra Maestra de Cuba, 6, 7, 47 à 49, 106, 141.
Simo, 144.

Simon (Winston), 113.
Sint Maarten [Saint-Martin], 38.
Siparis, 133.
Sore (Jacques de), 58.
Soto (Fernand de), 57.
Soto (Isabel de), 57.
Soufrière [Sainte-Lucie], **94**.
Soulouque (l'empereur), 29, 99.
Sous-le-Vent (îles), 6, 33, 34, 39, 44.
Sous-le-Vent (îles néerlandaises), 86, 87.
Spanish Town, 32, **62**.
Stravinski, 146.
Stuyvesant (Peter), 39.

T

Tapia y Rivera (Alejandra), 153.
Tascher de la Pagerie (baron), 76.
Tascher de La Pagerie (Joséphine), 132.

Terre-de-Haut [archipel des Saintes], 134.
Tertre (le P. du), 142.
Thaly (Daniel), 155.
Thoby (Ph.), 11.
Tintamarre, 38.
Tirolien (Guy), 155.
Tobago (île), 7, 20, 34, **115**.
Toledo (Maria de), 69.
Torres (Luis Llorens), **11**, 153.
Tortola, 33.
Tortue (île de la), 61, 65, 125, 126, 128.
Tortuga (la), 22.
Toscanelli, 21.
Toussaint Louverture, 29, **29**, 64, 65, 149, 154; monument à Port-au-Prince, 154.
Trégate, 38.
Trenet (Charles), 142.
Trinidad [La Trinité], 23, 38, 84.
Trinidad [ville], **17**, 141, 148.
Trinité (île de la) [Trinidad], 6, 7, 23, 32, 39, 40, 42 à 44, 84, 85, **85**, 89, 96 à 98, 103, 108, 112 à 114, 116, **118**, 138, 145, **145**, 153.
Trois-Îlets, 76.

Trujillo (Rafael), 30, **30**, 46, 68.
Trujillo (Ramfis), 68.
Turques (îles) [Turks], 25, 89, 93.

U

Urrutia (Manuel), 47.

V

Valparaiso (le), 22.
Varadero, 106, 140.
Vasquez (Horacio), 30.
Vega (Ambrasio), 144.
Vélasquez (Diego), 26, **26**, 56, 57.
Vent (îles du), 6, 33, 34, 39, 76.
Viatte (Auguste), 151, 152, 154.
Vierges (les îles), 7, 23, 32, 33, 38, 125, 142; — américaines, **130**; — britanniques, 7.
Villate (Gaspard), 146.
Villaverde (Cirilo), 156.
Vinales (vallée de), 141.

W

Waterfalls, 83.
Watling (île), 22, 25.
Watson (Barrington), **148**.
Wentworth (John), 54.
Wessin y Wessin, 30.
Willemstad [Curaçao], 7, 39, 44, **44**, 86, **86**, 87, 100, 148; Otrabanda, 87; pont Queen Emma, 87; Punda, 87; Sint Anna Baai, 87.
Willis (capitaine), 65.
Windward Islands, 7.

Y

Yucatán (le), 23; presqu'île du —, 6.

PHOTOGRAPHIES

Les chiffres entre parenthèses correspondent à la disposition des photographies numérotées de gauche à droite et de haut en bas.

Associated Press, 30 (1-2), 45. — **Atlas-Photo**, 41, 134; Auvert, 57 (2); Bertrand, 74 (1); Colomb, 15, 72, 77 (1), 93 (2), 101, 136, 145 (1); Kanus, 62 (2-3), 83 (1), 98. — **J. Bottin**, 19 (1), 82, 103, 110 (2). — **Gamma**, Gate, 106 (1); Gerretsen, 69, 89. — **A. Garcia-Pelayo**, 26 (1). — **Giraudon**, 21 (1), 149. — **M. Hétier**, couv. 3, 74 (2), 78, 79 (2), 94 (2). — **Holmes-Lebel**, 40; Coroneos, 66 (1), 67; Debru, 73 (1); Kronfeld, 55; Leaf, 145 (2), 154 (1); d'Origny, 77 (1); Van Rolleghem, 17, 57 (1), 117 (1), 141 (1); Ségalat, 85 (2); Soule, 42 (1); Holmes-Lebel-Camera Press, 49, 61, 68, 109; Curtis, 66 (2); Reader, 128. — **Keystone**, 154 (1), 155 (2-3). — **Larousse**, 24, 25, 32, 33 (1-3), 38, 39, 153 (1-2-4), 157 (2). — **Lauros-Giraudon**, 26, 34, 35, 38 (1-2), 39. — **Magnum**, Barbey, 13; Berry, couv. 2, 118 (1-2), 119; Burri, 19 (2), 47 (1-2), 48, 51 (2), 58, 153 (3), 157 (3); Cartier-Bresson, 56 (1), 156 (1); Davidson, 137; Glinn, 27, 54 (1), 157 (1); Höpker, 31; Mac Cullin, 18, 50, 106 (2); Riboud, 104, 105, 140; Rodger, 144; Stock, 121 (1); Webb, 62 (1). — **H. Mantagalle**, garde 1, 155 (1). — **Parimage**, Berton, 75, 79 (1), 81 (1-2), 90, 114, 122 (2), 131 (2); Parimage-Camera Press, 113 (1), 116 (1), 133 (1); Andrews, 96, 100 (2); Blau, 97 (1); Launois, 120, 129 (2), 132, 133 (2); Lichfield, 84 (1), 97 (2), 121 (2), 124 (1-2), 125, 148; Maroon, 60; Morgoli, 12 (1-2), 65, 100 (1); Oxmantown, 116 (2); Reader, 53. — **Rapho**, 21 (2), Dussart, 131 (1); Funk, 138; Goldman, couv. 4, 122 (1), 123; Guillumette, 10; Halin, 14 (1); Henle, II (1), 83 (2), 130, 142 (1); Hollyman, 71; Lartigue, 86, 87 (1); Launois, 87 (2), 102, 142 (2); Roger, 85; Serraillier, 70, 91 (1), 115 (1), 126 (2), 129 (1), 135; Spiegel, couv. I, 14 (2), 43 (1-2), 84 (2), 94 (1), 99 (2); Ward, 59, 59, 126 (1); Z.F.A., II (2). — **Raspail**, 54 (2), 91 (2), 92 (2), 95, 108. — **Roger-Viollet**, garde 2, 8-9, 16, 20, 26, 27 (1-2), 34, 35 (1-2), 36, 37, 44, 45 (2), 56 (2), 64, 69 (2), 73 (2-3), 76, 80 (1-2), 92 (1), 93 (1), 112, 152, 153 (3), 156 (2). — **Service historique de la Marine**, 22, 23. — **Vautier-De Nanxe**, 42 (2), 46, 63, 99 (1), 107, 110 (1), III, 139, 150 (1-2-3), 151. — **Vloo**, 143.

Carte des Grandes Étapes (p. 52) : Georges Pichard.
Mise en pages : Pol Depiesse.

IMPRIMERIE G.E.A., via Assab. Milan. — Dépôt Légal 1971-1er — No série Éditeur 14014
IMPRIMÉ EN ITALIE *(Printed in Italy)*. — 513114I - Avril 1987.